▥ 序 ▥

　　母亲是我见过的最值得钦佩，也最令我恼火的人——她是一个自恋者。

　　我从来没有意识到这一点，直到上大学时，我仔细阅读了一篇心理学的介绍性文章。那篇文章里有一张希腊少年那喀索斯的图片，他正盯着池子里自己的倒影，图片的正下方，赫然印着一个粗体词：自恋。我读了旁边的描述后疑云顿消，却又惊又惧，因为这个词完全道出了母亲的矛盾。

　　在我的童年里，母亲是一个热情洋溢的人。她异常外向，为人幽默，对别人非常照顾。整个世界似乎都绕着她转。母亲将近一米八的高个儿，梳着一头金发，她自幼在英国长大，带一口浓重的英国腔。无论她去哪里，似乎都能和人搞好关系，不管在杂货店还是在咖啡店、理发店。她关心朋友，鼓励他们挺过疾病，渡过难关；她致力于改善社区环境，有时打扫游乐场，有时组织烘烤面包特卖。她是父亲的好妻子，我和我兄弟的好母亲。她一直守护着我们，奉献关爱，提出劝告。

但是，当我逐渐长大，她慢慢变老，她的光辉便黯淡下去了。母亲似乎沉浸在自己的世界里。她吹嘘自己年轻的时候是一个多么成功的芭蕾舞者，为了说明这一点，有时还笨拙地示范一下劈叉或者普利也①。她丢出一大堆名字，炫耀自己和那些名人拌过嘴（虽然我无从得知这些是真事还是幻想）。她对自己的外貌愈加关注，发疯似的记录皱纹，跟踪身上出现的斑，还节食以保持身材苗条。她总在别人说话的时候甚至是在他们诉说痛苦与焦虑的时候插嘴。有一次，我向她倾诉自己分手之后很难受，她心不在焉地咕哝说："我可从没在找对象上出过问题。"我当时就被这样的逻辑震惊了。

母亲到底怎么了？我在大学里知道了自恋这个词，但完全不明白它意味着什么。她一直都是个自恋者，只是我不知道吗？还是因为年龄变大，她突然变得自恋？我可不可以做些什么，寻回我童年记忆里那个慈爱无私的女人？

于是我全力以赴，寻找答案。在图书馆里，我研读自弗洛伊德以来的心理学书籍和文章。作为心理学见习生，我和自恋心理领域的顶尖学者一同工作。我还读取了博士

---

① 芭蕾舞术语（plié）。舞者膝盖向外下蹲，同时保持背部挺直，训练腿部肌肉和膝关节等。——译者注

失控的自尊

为何我们自卑又自恋

CRAIG MALKIN

（美）克雷格·马尔金——著

赵逸奔——译

RETHINKING NARCISSISM

THE BAD—AND SURPRISING GOOD—ABOUT FEELING SPECIAL

上海交通大学出版社
SHANGHAI JIAO TONG UNIVERSITY PRESS

图书在版编目（CIP）数据

失控的自尊：为何我们自卑又自恋 /（美）克雷格
·马尔金（Craig Malkin）著；赵逸奔译 . -- 上海：
上海交通大学出版社, 2022.5
书名原文：Rethinking Narcissism: The Bad——And
Surprising Good——About Feeling Special
ISBN 978-7-313-26651-4

Ⅰ.①失… Ⅱ.①克… ②赵… Ⅲ.①个性心理学 –
通俗读物 Ⅳ.① B848-49

中国版本图书馆 CIP 数据核字 (2022) 第 036589 号

上海市版权局著作权合同登记号：图字 09-2022-28

RETHINKING NARCISSISM, Copyright © 2015 by Craig Malkin
Published by arrangement with HarperCollins Publishers
English material originally cited "©1987 American Psychological Association,
adapted with permission from Emmons, R.A., Narcissism: theory and measurement.
Journal of Personality and Social Psychology, 1987, 52(1), 11-17."
Translated and reproduced/adapted with permission of APA, which prohibits
further reproduction/distribution without prior written permission and holds no
responsibility for translation accuracy.

失控的自尊：为何我们自卑又自恋
SHIKONG DE ZIZUN : WEIHE WOMEN ZIBEI YOU ZILIAN

作　　者：［美］克雷格·马尔金 (Craig Malkin)
译　　者：赵逸奔

出版发行：上海交通大学出版社		地　　址：上海市番禺路 951 号
邮政编码：200030		电　　话：021-52717969
印　　刷：上海盛通时代印刷有限公司		经　　销：全国新华书店
开　　本：880mm × 1230mm　1 / 32		印　　张：7.5
字　　数：150 千字		
版　　次：2022 年 5 月第 1 版		印　　次：2022 年 5 月第 1 次印刷
书　　号：ISBN 978-7-313-26651-4		
定　　价：58.00 元		

学位，帮助患有人格障碍的病人，希望能更好地了解自恋的极端形态——自恋型人格障碍（NPD）。但是，这些年我虽然学到了很多，却还是觉得自己的理解尚未透彻。之后发生的一件事，永远改变了我对母亲、病人，还有自己身上的自恋的看法。

那时我父亲刚过世不久，我和我妻子费了好大劲才说服母亲从很远的一所大房子搬到离我们近一些的一间小公寓。狭小的空间让她非常不满。"看看你们给我找的好地方。"她讽刺地抱怨道。

那晚她在附近的旅馆过的夜，第二天下午坐出租车到公寓和我们两个碰面。之后我们继续收拾行李，几乎没说话，也没让她帮忙。没过多久，我母亲又上了出租车，这回是在"装饰品"上花大钱。

就这样，母亲晚上住旅馆，白天购物，过了整整一周。一天夜里，她忽然长叹一口气宣布道："我得让自己舒服点！"说完便进了卧室，而我们只听见翻东西的声音。过了一会儿，她出来了，穿着一双足有十厘米高的细高跟鞋——这可是莫罗·伯拉尼克①。她骄傲地告诉我们，"好了"，她又叹了一口气，"现在我觉得好多了，至少我的鞋子比这个地方要好"。显然，这双鞋让她觉得特别。

---

① 英国鞋履品牌（Manolo Blahnik），又译作马诺洛·伯拉尼克。——译者注

那一刻触动了我。母亲把自觉独特当作一根拐杖，在不安、伤心或孤独的时候支撑她。她不向我，也不向我兄弟詹尼弗，或其他任何人倾吐自己是多么害怕独居，而是依赖于比别人感觉更好。年轻的时候，她无须做什么让自己觉得独特，因为别人会投以关注并献上殷勤；而随着年龄增长、美貌（大部分自信的来源）逝去，她认为自己不能再贡献什么，就淡出了社交和公民活动。她必须找到另一种方法突出自己，证明自己独特。

从这个角度考虑自恋心理，把它看作人们安慰自己的习惯，这让我与母亲的交往方式更加简单明确。我明白她的自恋心理忽起忽落的原因以及这种心理为什么变得具有破坏性。我还知道如何帮助她消除这种心理，让她诚实地倾诉她的痛苦。

我在试图理解母亲的过程中还明白了另一件事：自恋心理并不全坏。事实上，一定的自恋心理对于我们过上快乐、充实、丰富多彩的生活，不仅有益而且关键。我发现，自觉独特能让我们成为更好的爱人、伴侣、勇敢的领导者和无畏的探险者。它让我们更富创造力，甚至可能延长我们的寿命。

大量研究已证实我在成长过程中所看到的。我所钦佩的母亲年轻时的性格——热情、乐观、活跃，很大程度上都由自恋心理激发。母亲觉得自己独特，这给了她信念、信心和勇气。这使她相信，自己的智慧足以改变世界，自己的能力足以让她完成任何决意完成的事情，自己的勇气足以让她前进去尝试一切。自恋就是她的发射台。这让她成为尽责的母亲和充满活力的社区领导者。这不仅让她相信自己，同时也信赖别人，他们因此也有了信心。

我记得 7 岁那年，她和一位绝望的店主聊天，他的店快要关了。"我们需要你。"她温暖地笑着说，"我也需要你。不然我上哪找这么好吃的东西，聊这么有趣的天？"她的嘴夸张地噘了起来。"就是这样！"她跺着脚说，"你绝对不可以搬走！我绝对不会接受！"当时我正嚼着饼干，看到那个人原本垂头丧气，后来立刻变得兴高采烈。这就是我母亲的魔力，她觉得自己独特，也让其他人觉得他们自己独特。后来，那个人的店铺直到我念大学都经营得很好。

自觉独特可能是好的，也可能是坏的，这仅仅是我在探索自恋奥秘过程中发现的令人惊奇的结论之一。接下来，你还将看到许多其他挑战现有看法的事实。为得出结论，我参考大量研究，大部分研究于近年完成；同时我也利用自己作为医生与病人合作的临床经验，生动地举例说明自恋心理最好和最坏的状态，以及它的微妙之处。（所有实例都是受我咨询的人；为保护隐私，相关信息已更改！）

我写此书的目的，不仅在于帮助你进一步了解身边的人，与一起工作生活的他们打交道，也在于让你更好地了解自己。我的探索当然也帮了我自己。

像许多自恋者的孩子一样，我在成长的过程中也从不允许自觉独特，甚至害怕尝试。我在表扬面前畏首畏尾，或者干脆拒绝——无论我如何成功，都觉得自己不够好。

年轻的我努力寻找自己的声音，后来，我又转向了相反的方向。我在话里掺入太多笑话和胡话，证明自己说的东西很有趣。最终我发现，一贯的自我怀疑或不断的自吹自擂都不能带来幸福的生活，反而只能让我感到寂寞，被人误解。

幸运的是，我改变了自己并找到平衡，因此受益。我也以同样的方式帮助了许多人。我坚信，每个人都有可能成长，无论我们的自恋程度是否过高。可喜的是，你将看到事实也支持这个结论。

在我为写这本书进行调查的数年后，一个异常炎热的夏天，我母亲过世了。当时我和我的兄弟在她身旁。那时我已经能从一个不同的、更细微的角度看待她的自恋心理。要不是这样，我确信自己无法怀着爱与她告别。

我之所以分享这些知识，是为了给你的生活带去同样的明晰与希望，正如我在自己生活中发现的。

愿此书助你克服自觉独特的短处，迎接美好的人生。

前情与导读

　　很久以前，在古希腊住着一个男孩，名叫那喀索斯，是河神刻菲索斯和水泽女神利里俄珀的儿子。因为是神的孩子，他的容貌也像神一样俊美。那喀索斯从小爬树攀岩，捕鹿猎鸟，练就一副好身板。他前额金发飘飘，身材健硕，很快就吸引了诸多爱慕者。

　　看到他的人，无论男人或女人、年长的或年轻的，都会立刻喜欢上他。很快，他的名声不再限于凡人世界。每当那喀索斯穿过茂密的森林，或者沿着他家附近的潺潺河流漫步，总会引来一群树宁芙或者水宁芙①。她们渴望一睹他的风采。

---

① 宁芙（Nymph），希腊神话中的次要女神，也译为精灵或仙女。——译者注

　　那喀索斯习惯了这种爱慕，却从不做出回应。所以，虽然他的俊美声名远播，但很快他的冷漠也人尽皆知。仰慕者一个接一个地接近他，而他一个接一个地拒绝。他似乎更看重自己，胜过善意与爱情，胜过凡人的世俗世界，胜过任何人，甚至神。

　　山宁芙厄科也加入对他单相思的行列。有一天，阳光射入森林，厄科瞥见那喀索斯在林中打猎。她的心刹那间燃烧起来。她紧紧盯着他，跟在后面，先是悄悄地，透过枝条和树叶默默地偷看。后来，她按捺不住激动的心情，变得大胆起来，踩在他走过的路上，发出声响。很快，那喀索斯就发觉自己被跟踪了。

　　"谁在那儿？"他叫道。

　　厄科想要回答，但是她只能重复别人说过的最后几个字，因为她受到女神赫拉的古老诅咒，惩罚她老是多嘴多舌，引赫拉分神。厄科想要喊出来，但是只能重复他说过的话。

　　"谁在那儿？"她伤心地回应。

　　"出来！现在！"他要求道。

　　"来！现在！"她含着泪回答。

　　那喀索斯生气了，也许觉得自己受到了嘲笑，于是吼道："别藏着你自己！"

　　"你自己！"厄科喊着，从树后跳了出来。她伸出双手，抱住他的脖子。

但是那喀索斯冷若冰霜。"走开!"他叫道,一边逃跑,一边回过头,残酷地呼喊,"我死也不会爱你!"

"爱你!"厄科叫着,哭了起来。因为遭到羞辱,她伤心欲绝,消失在森林最深处。她不愿动也不愿吃喝,慢慢地,身体凋零、消失了,只剩下声音。

与此同时,诸神厌倦了那喀索斯留下的烂摊子。男青年阿弥尼俄斯因为那喀索斯拒绝了自己,忧心如焚,于是抽出剑刺穿自己。但是,他临死前向复仇女神涅墨西斯默默祈祷。女神很快就用一个与她见证的惨剧相称的诅咒来回应。那喀索斯即将知道单相思的痛苦。

很快,一天下午,那喀索斯在喜爱的林子里散步,他来到清澈清凉的泉水边上。泉水异常宁静,像一面镜子。他走路渴了,就蹲下来喝水,却看到了一张俊朗的脸庞。他受涅墨西斯的诅咒影响,没有意识到他盯着的是自己。他的心如同受到了锤击。他从未体会到这种感觉,这种深深的渴望,这种仅仅因为某人在场的喜悦。也许这就是爱情吧,他想。

"爱上我吧!"他叫道。

一阵沉默。

"你怎么不回答我!"他注视着自己的倒影喊道,"难道你不爱我吗?"

他跪了下来,亲吻水面,脸庞一下子不见了。

"回来！"他想要再靠近那个人，摸摸他，拥抱他。但是每次这么做，脸庞都像退缩了似的，消失在宁静的泉水中。

几个小时过去了，几天又过去了。最后，那喀索斯站了起来，掸掸灰尘，他终于知道该怎么做了。

"我会到你那儿去！"他朝水里面喊道，"那样我们就可以在一起了！"

话音刚落，他跳进了池子，钻进了黑暗之中，越来越深，直到消失不见，再没浮起来。

过了一会儿，在池子旁边冒出了一朵美丽的花，白色的花瓣像一圈光环，围绕着亮黄的花蕊。花朵向水池弯去，永远地凝视水面。

目　录

第
一
部
分

Chapter One

何为自恋？

第

章

关于自恋，你需要了解的那些事儿

自恋有其益处

> 将无数须眉、巾帼的壮举抹杀于无形
> 中——男性遭受的伤害尤其严重，可能应归
> 咎于睾丸激素吧——在我看来自恋正是罪魁祸
> 首。其危害与傲慢相比，有过之而无不及。对
> 女性来说也是如此。自恋堪称杀人者。
>
> ——本·阿弗莱克[①]

　　自恋这个词近来如此名声大噪，大概连那喀索斯自己
都要骄傲得脸红。翻翻报纸杂志，看看夜间新闻或者每日

[①] 这句话应出自詹姆斯·伍兹（James Woods）之口，疑为原文错
误。——译者注

脱口秀，听听上班族对着手机讲话，和隔壁邻居扯几句闲话，你会发现这个词不厌其烦地蹦出来。每个人都提起它，无论是普通市民，还是演员、时评家、治疗师、最高法院大法官，甚至是教皇。再加上我们正处于所谓的"自恋流行病"高发期，也就难怪这个词无处不在。再没什么能让人们谈论自恋像谈论疾病暴发那样了，尤其当疫情已经恶化（正如本·阿弗莱克担心的那样）。

那么"自恋"到底是什么意思？虽然人们带着疑虑频繁使用这个词，它的定义却惊人地模糊不清。口头上，这个词不过是一般的批评，指过度的自我意识——自我崇拜，以自我为中心，自私自利，或者妄自尊大。媒体则惯于把这顶帽子扣到疯狂自拍的名人和大放厥词的政客头上。

然而这就是自恋的全部含义吗？虚荣心？寻求关注？其实在心理学圈子里，它的含义也不见得明晰。自恋可能指某种令人讨厌却十分常见的性格特征，或者指某种危险罕见的心理障碍。任你定义。不过要快点，因为心理学研究者越来越倾向于认为它根本不算疾病。

以上观点看起来似是而非，不成体统，但有一个共同的假设：自恋心理完全是破坏性的。

很可惜，这并不对。

自恋心理可能带来危害，没错；网上也充斥着各种文章，记录受害者在极度自恋的爱人、伴侣、父母、兄弟姐妹、朋友、同事手上遭受折磨。那些故事听起来既伤感又吓人。但那只是自恋心理很小一部分，并非其全貌。除非我们从整体上认识自恋心理，否则基本不可能理解它为什么变得具有破坏性，更别提让自己免受破坏性自恋伤害了。

相对地，现在还出现了另一种惊人的观点，认为自恋心理对我们方方面面都有利；即便我们所爱的人像那喀索斯一样，陷于自我迷失的危险，也还有希望改变。

自恋不仅是一种顽固的性格缺陷，一种严重的精神疾病，或是一场由社交媒体迅速传播的文化瘟疫。它其实也是一种正常的、普遍的人类倾向：自觉独特的动力。因此，认定它是一个问题，就像认定心率、体温或者血压是问题一样，完全没有道理。

事实上，心理学家在过去二十五年里整理出海量证据，证明大部分人深信自己比其他任何人都更好。如此充分的研究只能让我们得出了一个必然结论：自觉独特的欲望绝不仅仅是傲慢的笨蛋或者反社会者所特有的。

比如来看一种名为"我如何看待自己评级"工具的研究结果。这是一份广泛使用的问卷，用来测量"自我提升"（不现实的自我正面评价）。受访者被要求以各个标准给自己评级，包括热情度、幽默度、不安全感及侵略性（你认为你处在平均水平还是在前25%、15%或10%）。在多个国家进行的研究结果表明，绝大多数受访者都认为自己比 80% 的同辈人有更多的优点和更少的缺点。华盛顿大学心理学家乔纳森·布朗在研究数十年的实验结果后得出结论："大部分人并不认为自己平凡、普通，而是认为自己独特、唯一。"这一普遍的现象被命名为"优于常人效应"。

你也许会担心这些结果证实了一场全球性的社交瘟疫，但事实却是稍稍膨胀的自我有其益处。其实，无数的研究发现，自以为优于常人的人比起谦卑的同辈更开心，更善于交往，身体往往也更健康。他们得意扬扬地走路，这和许多优良品质有关，如创造力、领导力及高度自尊，这些都有利于工作。良好的自我形象赋予他们自信，帮助他们挺过溃败，忍受惨重的损失。

波黑战争的幸存者是一个很好的例子。心理学家和社会工作者在对一组幸存者进行抑郁症、人际交往障碍及其他"心理问题"相关评估时发现，认为自己优于常人的幸存者比对自己抱有更现实看法的幸存者更健康。在 9·11 幸存者身上也存在类似情况。自觉独特似乎能帮助灾难幸存者以更少的担忧和更多的希望面对未来。

反面似乎也能成立：不认为自己独特的人往往承受更多的失落感和焦虑感，也很少赞美伴侣。他们的世界观并没有错，与自觉独特的人相比，往往更为准确。然而他们获得这份真实的同时牺牲了幸福，他们以更悲观的态度看待自己、伴侣和世界。研究者把这叫作"悲观而明智效应"。

我们对自恋心理认识的这一反转显得有些讽刺。认为自己独特、比其他人要好的人，反而生活得更加幸福。事实上，自恋心理起到伤害还是帮助作用，是健康还是不健康，这个问题完全取决于我们自觉独特的程度。

原来，自恋心理有程度上的变化。适度的自恋能激发我们的想象力和对生活的热情，从而扩展我们的经验，了解自身的潜力。它甚至能加深我们对家庭、朋友和搭档的感情。迄今为止，预测恋爱关系是否成功的最佳指标，就是我们是否倾向于将对方看得比他们实际更好。我把这叫作通过联结而自觉独特。

哈弗福德学院和东密歇根大学的心理学家本杰明·勒与纳塔莉·达夫，仔细检查了涉及近四万人的一百多项研究。他们发现，一对恋人能否交往超过数周乃至数月，并非取决于恋人的性格、自尊或者亲密度，而取决于一方或双方是否有积极错觉，即较之客观标准，将对方视作更聪明、更有天赋、更貌美的人。相信自己正和房间里最不可思议的人拉着手，也能让我们感到自己的独特。

适度的自恋促进爱情，然而，一旦过度会影响甚至摧毁恋情。如果人们越来越依赖自恋感，就会变得浮夸而自负。他们不再认为对方才是房间里最好或者最重要的人，因为他们自己需要这个头衔。他们也不能从除自己以外的角度看待世界。他们是真正的自恋狂,而最坏的情况是,他们也展现出了"黑暗三性格"[①]的其他两面:心理变态和操控他人的倾向。

令人惊讶的是,过少的自恋也对人有害。还记得厄科吗?我们往往忽视神话的这个部分。她没有自己的声音,自我否定,几乎不存在。人们越不觉得自己独特,就越不使自己受人注意,直到最后,他们几乎没有自我的概念,因而觉得自己无用无能。我称这类人为自弃者。

因此,危险存在于自恋的两个极端。只有在中间,我们无须为了成为七十亿人中的佼佼者而无视他人的需求与情感,才能获得健康与快乐。

自恋心理有程度变化

我们信奉的另一个错误观点是,自恋心理在人的一生中不会出现程度上的变化。而事实是,由于生活环境和年龄的变化,即便是健康的自恋心理也会忽起忽落,时涨时消。生病的时候,自恋心理通常加重,我们就觉得比起健康的同龄人和家庭成员,自己更值得、更有资格让他人花时间

---

① 黑暗三性格(Dark Triad),也称"黑暗三合一",即自恋(Narcissism)、操控心理(Machiavellianism)和心理变态(Psychopathy)。——译者注

照料。类似地，当我们在工作上需要认可、赞赏和赏识的时候，比如竞争升职机会，自恋心理就会暴涨。在这些情况下，我们对未来的希望取决于从众人中脱颖而出。在一些特定的人生阶段，我们需要自觉独特，比如妊娠期和青春期。而照料婴儿或者为了配偶的事业而暂缓自己的梦想，则让我们像厄科一样减轻自恋程度。这两种环境都要求我们暂时退居幕后。

但是，自恋的高低峰期通常不会持续到永远。危机和过渡期过后，自觉独特的动力会回到健康水平。如果我们当时像厄科一样减轻自恋程度，就会重新找回自己的声音。如果我们赢得了升职机会，即便默想自己比同事出色，也不会急着向自己和世界证明这一点。如果这样做，我们就会处于健康自恋的状态。

小心那些不易识别的自恋者！

还有一个普遍的错误观点是，恶劣的自恋者极易识别。的确，整日在电视上露面，受社交媒体口口相传的那些哗众取宠、爱慕虚荣、自吹自擂的人自然属于这类。他们像红肿的大拇指一样显眼，这对辨别他们来说也许是好事。实际上，生活中的自恋者比自弃者多，也更成问题（自恋者使他人受害，而自弃者使自己受害）。但并非所有的自恋者都唯恐天下不知，他们中的有些人穿得不花哨，性格也不开朗。因此，我们辨别他们就困难得多。

另外还有低调的微自恋者更难察觉，更为常见，也更易破坏我们的生活。他们是我们每天都见到的人：我们的情人、配偶、朋友或者老板。他们不健康的自恋心理往往隐藏于表面态度之下。他们平时安静有魅力，和蔼可亲，有时还有同理心。他们的自恋标志很难被发现，但依然存在。如果你与他们熟悉，就能搞清楚这些标志，比如逃避情感的倾向。我们将在第七章更详细地检验可能的危险标志，帮助你评估你与微自恋者之间的关系。

一想到和一个自恋者睡在一起或者一同工作，就让人既错愕又沮丧；一想到自恋是无法改变的性格缺陷，就更让人垂头丧气。读到这里，想法应做出改变了。许多极端自恋者的确难以扭转（还好他们不多，大约仅占美国人口的 1% 到 3%），但是，温和的自恋者能够改变。抛开自恋引发的各种行为，自恋只是一种习得反应，即一种习惯。像所有的习惯一样，它受环境影响，既能增强，也会减弱。

自恋者隐藏了诸如恐惧、悲伤、孤独、羞耻一类的正常情感，因为他们担心自己会因此受到排斥。越是担心，便越坚信自己的独特，以保护自己。虽然不健康的自恋习惯不好改，但自恋者学会接受并分享隐藏的情感能让自己更健康。亲人若能以同样方式向他们敞开心扉，就能帮助他们回到健康分布谱的中心。

正如生活中的许多事一样，健康自恋也可归结为正确的平衡。自恋的核心是一个古老的谜题：爱自己，爱他人，应该到什么程度？犹太智者希勒尔长老①如此总结这个困境：我若不为自己，我为谁？我若仅为自己，我为何物？要想健康快乐，我们都需要对自己进行一定程度的投入。我们需要自己的声音和气场，影响世界和身边的人。否则就会像厄科那样，最终坠入虚空。

我们都航行在斯库拉与卡律布狄斯②之间，腹背受敌，一边是自我否定，使自身衰弱；另一边是妄自尊大，扼杀灵魂。这就是自恋心理的全部，你将逐步了解如何应对。但是，我们首先要揭开一个谜团——既然自觉独特可能对我们有利，那么我们怎么会坚信它是坏的呢？为何我们执着于自恋的危险？

---

① 希勒尔（？—公元 10 年），犹太教公会领袖和拉比，编有《古代犹太拉比格言集》。——译者注
② 希腊神话中的毗邻的女海妖和漩涡怪，在《奥德赛》中奥德修斯以牺牲六名船员的代价通过此地。后喻进退两难的境地。——译者注

自恋为何会成为一种流行病？

许多年以前，我的好友塔拉给我打电话，说了一件关于她父亲和她两岁女儿尼娜的事情。他们正在公园散步，尼娜突然不乐意，吵着哭着要回家。塔拉使出浑身解数，但还是安慰不了尼娜。半个小时后，塔拉对她父亲说："我们只得走了，抱歉。"她父亲瞪了她一眼，警告她说："要是每次她闹一下你就走，她会觉得世界都绕着她转！"塔拉听了很生气，反驳说："对，对，她会的。我觉得这可是件好事！不是吗？"

表面上看，这场父女之间的争论只是两代人之间在养育孩子上的分歧。但是在更深层面上，这反映了两种对人类本性的截然不同的看法。塔拉的父亲似乎相信人类容易堕落，需要不断地鞭策，以免过度以自我为中心。而塔拉则认为我们的本性更为坚强，而且偶尔会因为沉浸于自身而受益。前一个观点对人类抱有较为消极的态度，后者则更为积极。

塔拉和她父亲没有意识到，他们所争论的是历史上最为古老的辩题之一，也是围绕自恋的混乱认识的核心。

弗洛伊德对自恋的双重看法

早在"自恋"这个词出现以前，哲学家之间就已经像塔拉和她父亲一样，对自我在道德中的定位展开激烈的论战。

公元前350年，亚里士多德提出一个问题——"善人应爱谁更多？自己还是他人？"——并回答说："善人尤其自私。"在地球的另一边，佛陀则宣扬相反的观点：自我是幻觉，是意念作祟让我们觉得自己重要。佛教宣扬这个虚幻的自我不应成为我们的主要关注对象。同时，基督教教义还为自恋增加了负面含义：过度看重自我就是骄傲的原罪，也是通往地狱的捷径。过度的自我还会带来其他原罪——懒惰、贪婪、贪食和妒忌。

几百年以来，争论愈发激烈，从托马斯·霍布斯（自爱是人类的野蛮本性）到亚当·斯密（自利对社会有益，即"贪婪是好"），无不卷入其中。然而，直到19世纪末，这场争论才进入医学和心理学领域，自恋这个词也才首次出现。1898 年，英国性心理学先驱亨利·哈维洛克·艾利斯称一些病人爱上了他们自己，亲吻自己的身体，手淫过度，遭受"类似那喀索斯"的疾病。一年后，德国医生保罗·纳克在记录类似的"性反常"时发明了更顺口的词"那喀索斯症"①。但是，真正使这个词出名的，是精神分析学之父西格蒙德·弗洛伊德于 1914 年发表的开创性论文——《论自恋：一篇导论》。他将这个术语从性内涵中解放出来（这对他来说并不寻常），将自恋描述为孩童时期的必经发展期。

弗洛伊德写道，我们在婴儿时期深信世界（至少是令人激动的部分）源于自己。我们爱着自己，对我们似乎能做那些绝妙迷人的事情感到欢天喜地。他称这个阶段为原初自恋，并认为这不仅是健康的，而且对我们有能力建立有意义的紧密关系十分关键。我们在婴儿时期对自身强烈的爱赐予我们力量，促使我们与他人接触。我们必须先高估自己在宇宙中的重要性，然后才能看重其他人。

但是弗洛伊德并不清楚如何看待婴儿期后的自恋心理。对成年人来说这是好的还是坏的？一方面，他觉得自恋和爱紧密相连，因为恋人往往将对方看得比其他任何人都重要。另一方面，他指出，魅力四射的领导者和革新者证明了自觉独特的个体能为世界带来巨大的好处。但是，他紧

---

① 即自恋。——译者注

接着又批评成年人的自恋。他提醒说，如果我们不摆脱童年时期对自己的着迷，就可能导致虚荣（他认为主要在女性身上体现）和严重的心理疾病，这会将我们与现实割裂，把我们变成自大狂。弗洛伊德对成人自恋的双重看法造成人们的巨大困惑，也导致近五十年后两名心理学巨擘之间的激烈论战。他们就是海因茨·科胡特和奥托·科恩伯格。

这两位心理学家都出生在维也纳犹太人家庭，也都是精神分析学家，但他们的成长环境完全不同。科胡特生于1913年，他所认识的维也纳生机勃勃，有浓厚的艺术传统，对知识充满热情。然而，希特勒和第三帝国改变了这一切。1938年德国吞并奥地利后不久，科胡特逃离挚爱的城市，先到英格兰，后到美国，并于1940年定居在美国。科恩伯格出生于1928年，比科胡特小15岁。他在昏暗不见天日的维也纳长大，笼罩在纳粹的阴影之下。他10岁的时候，举家逃往智利，与熟悉的家乡相距甚远，在那里度过了接下来的二十年（他在1959年移居美国）。两人迥异的经历似乎影响了他们对人类本性的看法。阴暗占据了科恩伯格的看法，而希望则渗透了科胡特的观点。

健康自恋说 vs 阴暗自恋说

作为年轻的精神分析学家，海因茨·科胡特和弗洛伊

德一样，很快就以临床医生、研究者及教师／讲师的身份
建立起自己的声誉。（他享有过目不忘的美名，能记住一
整节治疗课程的内容，不需要任何笔记提醒就能说得头头
是道。）在其职业生涯的大部分时间里，他都是弗洛伊德
的坚定拥护者。但在20世纪70年代，他脱离了传统的弗
洛伊德学派，创立了全新的自体心理学学派，投身于人们
如何树立健康（或不健康）的自我形象的研究。

　　科胡特认为，弗洛伊德把性与敌对置于人类经验的中
心，犯了大错。他认为，驱动我们的并非本能，而是树立
稳固的自我意识的需求。对此他表示，我们不仅仅需要其
他人，我们还需要自恋。弗洛伊德几乎把自立提升到操守
的层次——我们应该成为独立自主的成年人，占据主人翁
地位，不要求认可和赞赏。弗洛伊德将自恋视作不成熟的
标志，是需要克服的一种婴儿期的依赖，而科胡特则认为
健康幸福的人生离不开自恋。即便是成年人，偶尔也需要
依赖别人——向他们看齐，接受他们的赞赏，向他们寻求
安慰与满足。

　　年幼的孩子只有在父母使他们觉得自己独特的时候，
才觉得自己重要，才觉得自己存在。父母关心孩子的内在
世界——希望与梦想，悲伤与恐惧，以及最需要的赞赏，
这样，父母便为他们发展健康的自我意识提供了必需的"镜
像"。但是年幼的孩子也需要将父母奉为偶像。将父母看

作完美的人，有助于羽翼未丰的自我在面对生活中难免的失落时挺过一场场风暴。在学校受到欺凌或者数学考砸的时候你可以这么对自己说："反正我很棒，因为爸爸妈妈都这么觉得。他们是完美的，所以他们知道。"

科胡特认为，孩子会慢慢明白，没有东西，也没有人是十全十美的，他们对完美自我的需求也最终让步于更理智的自我形象。他们看到健全的成年人如何对待自己的缺点和有限的能力，也会学着做，从而放弃对伟大或完美幻想的持续需求。经历这一过程后，他们会达到健康的自恋水平：真实的自豪感、有自尊心、有抱负、有同理心、夸奖他人和受他人夸奖。科胡特说，这就是我们确立稳固的自我意识的过程。

但是，如果孩子遭到虐待、忽略，或者其他的创伤，而觉得自己卑微、渺小、无关紧要，他们会花上全部的时间争取赞赏，寻求榜样。简而言之，科胡特总结道：他们成了自恋者，内心娇柔、脆弱、空虚；外在傲慢、浮夸、敌对，以弥补自身的卑微感。在他们眼里，其他人只是他们宫廷里的小丑和仆人，仅仅用于肯定自身的重要性。

如果父母的做法没有出错，一般人不会没有自负的时候。我们也不会没有。在科胡特眼里，"不切实际的梦想本身是坏的"这个想法很愚蠢。相反地，梦想使我们的经历更有深度、更生动，鼓励我们要有抱负，激发我们的创造力。他说，历史上的作曲家和画家常常觉得自己举足轻重。要想做成伟大的事，即便是坐下来试一试，都要有自己能成为伟人的心态，而不是谦卑的心态。科胡特不认为一些文化巨著仅仅是自恋心理的产物。但是他认为，我们不应该消灭自恋心理，而应该学会以成年人的身份享受它。只有在我们像依赖护身符那样依赖自觉独特时，自恋才变得危险，占据心灵，导致自大症，而偶尔使用它则不会。这完全取决于我们允许自负心和完美主义占据自己的程度。

科胡特的自恋观带有强烈的浪漫主义色彩。我们可以像那喀索斯那样沉入池子，沉湎于自我，但并不会淹死或者永远迷失，反而会发现另一个世界，在那里我们所爱的人都是完美的。一旦到了那里，我们自己也成了完美的人，远离俗世。那段时间里，我们与众不同，远离凡夫俗子。如果我们的心理足够健康，就能浮上来，回到现实世界，同时带回奖品，比如同理心和灵感。弗洛伊德眼中的自恋者是幼稚的——拒绝变成大人的彼得·潘——科胡特眼中的自恋者是冒险者，自由进出迷人而危险的伟大梦境。

到 20 世纪 70 年代，科胡特的自体心理运动掀起一股浪潮，他的自恋观也被广为接受。事实上，《精神疾病诊断与统计手册》（DSM）第三版于 1980 年出版时，这本由美国心理学会对心理疾病进行官方分类的书对不健康自恋给出的新描述和科胡特的看法非常相似。那时候，许多心理学专家都相信自觉独特能带来许多好处，而其危险性虽然真实存在，却被高估。然而，形势即将改变。

奥托·科恩伯格同意科胡特的观点，也认为健康的自恋心理为我们带来自尊心、自豪感、抱负、创造力和韧性。但是在不健康自恋方面，他和科胡特分歧很大。科胡特认为即便是浮夸的自恋心理也有其好处，而科恩伯格则认为它本身是危险而有害的。也许是因为科恩伯格在敏感的年龄遭遇纳粹主义和希特勒（最危险的自大狂之一），他相信世界上存在恶。他的精神分析见习经历又加强了他对人类本性的消极看法。与科胡特在豪华的私人办公室中治疗享受优厚待遇的病人并建立理论不同，科恩伯格是在医院和诊所里，治疗攻击性强、有精神病倾向的严重心理障碍病人才获得的专业知识。在科恩伯格眼中，自恋者到了最严重的地步，就是一群怨气满腹的人，像弗兰肯斯坦的怪物，用畸形的人格碎片胡乱拼凑在一起。他们童年时期受到忽视或虐待，失望至极，所以首要目标就是永远不再依赖人。他们幻想自己是完美、自足的人（其他人比他们低等），就不会再担心自己不安全或者不重要。

比起科胡特，科恩伯格更忠于弗洛伊德的理论，他拒绝否认性与敌对导致了我们的大部分行为。和弗洛伊德一样，他把人类看作装满敌意和肉欲的大锅，受到最阴暗，而且往往是最残酷的激情驱使而滚动不止。最危险的自恋者，在科恩伯格眼中，可能生来就具有过多的侵略性。他们是恐怖的变异体，在感到受伤时被强烈的情绪驱使，嫉妒、攻击、摧毁自己的人类同伴。他们小时候便觉得自己卑微，再加上本身就有过多的憎恶，就向其他人展开疯狂的报复，利用他人满足自己的需求，之后就丢到一边。科恩伯格把这个最恐怖的群体称为"恶性自恋者"。

科恩伯格认为，应对此威胁的唯一合理方法，就是拆解扭曲的个人形象，并重构为更善良的形态。他相信自恋者可以改变，而改变他们行为的第一步便是用他们带来危险的事实与他们对质。我们肯定不能通过满足他们自觉独特的需求来消除破坏性自恋的威胁——那就像任由怪物恐吓村民一样。科胡特对此深恶痛绝，因为他提倡带着同理心接近自恋者。科胡特说，如果他们要好起来，就需要我们的理解。科恩伯格和弗洛伊德一样对人性抱有消极看法，只会把科胡特的观点看作是危险的幼稚。

科胡特和科恩伯格的理论针锋相对，战场遍及会议和刊物，但哪一边都占不了上风。但是，在科胡特因癌症于1981年去世以后，科恩伯格独自留在聚光灯下，而他的理论，尤其是与恶性自恋相关的观点，得到广泛传播。克里斯托弗·拉什在1979年出版的畅销书《自恋主义文化》，一定程度地吸取了科恩伯格的破坏性自恋的恐怖形象，使其深入公众意识。大多数人在心中，会把自恋和恶性自恋等同起来。

形象开始固定。自恋者并不是我们一生中几乎碰不到的罕见个体，而是站在每个街角，坐在隔壁房间，睡在我们床上的"怪物"，这个想法又放大了这个形象。很快，一个小小的测试让这样的偏执想法如野火一般蔓延开来。

自恋成为"流行病"

自恋人格量表（NPI）在 1979 年开始采用，是心理研究者的一项基本工具，也供美国和其他国家的心理学本科学生使用。（如果你在大学里进修过心理学，可能就使用过。）受测试者阅读 40 对描述，并在每一对描述中最能准确描述自己的选项上打钩。比如：我喜欢炫耀形体和我不大喜欢炫耀形体；我觉得操控别人很容易和我不喜欢操控别人。每个表现自恋的选项得一分，另一个选项得零分。分数相加，远超平均分的人就是自恋者。

2009 年，即采用量表二十年后，得克萨斯大学心理学家琼·图恩吉统计了每年得分超过平均值的美国学生人数，并宣布得分超过平均值的人"自 20 世纪 80 年代以来增长迅速，堪比肥胖症患者"。她宣称"自恋流行病"在千禧一代① 中十分猖獗，并把这个惊人的词语作为书的标题以强调自己的立场。《自恋流行病》由她与佐治亚大学心理学家基思·坎贝尔合著，研究当下年轻人所谓的傲慢自大以及这场"病"。这和她的第一本书《唯我世代》倒是前后呼应。基于同样的研究，她在那本书里说，"当下的年轻美国人更自信，对自己更有把握，自我感觉更好，也比以前更加惹人讨厌"。

图恩吉把这场流行病的责任推到父母和教育者头上，认为他们让 20 世纪 80 年代和 90 年代出生的孩子觉得自己过于独特。毕竟，教室里随处贴着鼓励性的海报，写有诸如"你是独一无二的"之类的宣传词；学校经常颁发奖杯，以资鼓励；父母又时刻告诉自己的孩子他们就是那样无可挑剔。这似乎传达出这样一个信息：只要你足够爱自己，你就能完成任何事情。一些教育者甚至主张，提倡自尊就像万能灵药，带来健康幸福，杜绝校内欺凌，甚至减少犯罪。他们说，让孩子觉得自己独特是件好事。

图恩吉认为，这场自尊运动没能削减犯罪率，减少校内欺凌，提高学生成绩，反而造成了巨大的文化影响——它带来了"自恋者大军"。我们努力让孩子的自我感觉良好，却在不经意间毁了他们。我们给了他们太多的自信，冲昏

---

① 也称作"Y 世代"。指美国 20 世纪 80 年代早期至 2001 年出生的人。——译者注

了他们的头脑，不仅伤害了自己的孩子，还培养了威胁整个世界的一代人。

图恩吉的看法触动了人们的文化神经。媒体上本来就充斥着父母溺爱孩子的报道，他们管得太多，要么斥责孩子的老师乱给低分，要么在工作面试的时候打电话给孩子潜在的上司。千禧一代的特权感令人震惊，这样的新闻遍地都是：心怀不满的行政助理消极怠工，自以为秘书工作配不上他们；职场菜鸟本来应该听从上级盼咐，却只顾出风头；公司新人整场会议都盯着手机，和朋友发短信，从不做笔记。现在，图恩吉算是给这些不好的行为找到了解释。

但是，她的结论引来了猛烈批判，尤其她用来证明自恋流行病的证据，更是饱受质疑。图恩吉所依赖的自恋人格量表本身就有很大的缺陷。按照它的设计，即便认同反映自身优点的描述，也会提高人们的自恋程度。比如说，虽然过去数十年的研究往往把"我很自信"和"我希望成为领导者"与高度自尊和良好的人际关系联系在一起，但选择这两项仍然算不健康。仅仅乐于表达自己想法或希望掌控局面的人，和享受操控与谎言的自恋者显然不一样，但是量表却没有区分。更多的人选择了这些正面的描述，这很容易就解释了千禧一代近年来 NPI 指数上升的原因，一些研究已经证明了这一点。

另外，许多大规模研究，包括一项在 1976 年到 2006

年之间进行的涉及五十万高中学生的研究表明，千禧一代和之前几代人相比，几乎或完全没有心理上的差异（除了自信度的升高）。事实上，一项涉及数千名学生的研究发现，千禧一代比起之前的几代人，更无私、更关心作为整体的世界。这也让克拉克大学的心理学家杰弗里·延森·阿内特称他们为"我们世代"。一项 2010 年的皮尤 [①] 研究报告在调查了数千名全国抽取的千禧一代人样本后，也得出了与图恩吉完全相反的结论。皮尤的相关研究者认为，千禧一代和父母关系融洽，尊敬长辈，对婚姻和家庭的重视程度远大于事业成功，并且"自信，表达能力强，乐意改变"——这可不像妄自尊大的小毛孩。

不过，使用 NPI 证明这场流行病的存在还有一个更大的问题，即我们无从得知标记为"自恋者"的人后来是否保持不变。从未有研究跟踪毕业后的那数千名大学生。另外，几乎每套关于青春期和成年初期的理论都认为，年轻人只不过是暂时沉浸于自身，而研究似乎也支持了这一观点。我们原来认为这是好事，这是激昂向上的青春理想主义。年轻人相信自己什么都做得成，已经准备好接管世界，让它变得更好。我们大多数人在没那么愤世嫉俗的时候，都欣赏他们的乐观向上。但和其他特定人生阶段带来的暂

---

① 皮尤（Pew）研究中心是美国一家独立性民调机构，颇有影响力。——译者注

时性自恋一样，这种热情最终消退。到了 30 多岁，我们大多数人也就脚踏实地了，而自我看重和自我沉迷——便让步于生活现实。

虽然我们目前似乎深信科恩伯格的阴暗自恋说，但普遍的优于常人效应（健康的人也自觉独特）似乎在暗示科胡特的积极观点才是正确的。

我们偶尔需要自恋来让自己感到健康幸福。最近越来越多的研究表明，一定程度的青春期自恋有助于青少年度过这阵混乱①。有适度自恋心理的青少年不那么焦虑，也不那么消沉，与有过多或过少自恋心理的同辈相比也有更好的人际关系。同样地，雇员认为有适度自恋心理的公司领导比自恋心理过多或者过少的领导工作效率更高。我和我同事的研究也指向了同一个方向：只有从不自觉独特和一直自觉独特的人才会威胁自己和世界。

自恋者和正常人之间的差别是程度的问题，而不是类别的不同。为深入理解，我们需要全面探索自恋的程度变化。

① 原文为德语。——译者注

第三章

失控的自尊让我们自卑又自恋

自恋分布谱

我女儿还在上幼儿园的时候，她和同学很喜欢参观剑桥科学博物馆[①]。有一件展品特别吸引他们：一盏台灯映照一小块瓷砖。他们扭动台灯上的旋钮，灯光的颜色就会改变。每当灯光变颜色的时候，瓷砖也跟着变色。刚刚还是艳红的瓷砖，随着颜色变深，成了紫色，之后又变为黄色、绿色，变幻无穷。在变化的过程中，多种颜色混在一起，很难说是什么单色。瓷砖是什么颜色的？一个听上去简单的问题，突然变得复杂起来。

我们喜欢清楚明白的分类，这让生活更简单，世界更有秩序。瓷砖可以是绿色或者红色，但不能同时是。类似地，

---

① 位于美国马萨诸塞州剑桥市，剑桥市与波士顿市紧邻。——译者注

我们也倾向于极端化的思考——空还是满，黑还是白，好还是坏。然而，一旦我们更仔细地看世界，分类就模糊了。即便是墙上的油漆颜色，一天之中也会因为光照角度和强度的不同而发生变化。生活中几乎任何事物都有细微的变化和差异，包括态度、情感和人格。

所以，不要把自恋看作有或无的东西，而是想象成一条从 0 到 10 的直线，像下面这条一样，自觉独特的渴望从左到右逐渐增加。

自恋分布谱

0	1	2	3	4	5	6	7	8	9	10

禁绝	习惯	适度	习惯	成瘾

无论是 0 还是 10，在这两个极端生活的人都不大健康。人们处在 0 的时候，怎么都不享受自认独特的感觉。也许他们从没自觉独特过。乍一听，这好像是健康的。宗教、家庭或文化反复告诫人们，对特殊关照和注意怀有哪怕一<u>丝</u>的渴望都是坏的。我们的厌恶很能由这个问题体现："你怎么就这么特别呢？"我们都明白这句话的批评意味。人

们真正想说的是:"你弄得好像自己很特别似的。够了!"世界上大部分文化里,无私往往被奉为终极美德。没有人有权觉得自己特别,所以我们应该赞美从不抱有这样想法的人。

但是别忘了这真正意味着什么:绝对无私;觉得自己平凡到低声下气的地步;无论境况如何,都不比其他人更需要表扬、关心或爱。很快你就能发现,这其实说明了一系列问题。比如,你在一起可怕的车祸中失去了自己挚爱的母亲。在这段时间里,痛苦是主要的情感,大多数人都觉得你需要特别关照。处在 0 的生活意味着,你不但不接受同情与帮助,甚至还会主动拒绝。我曾治疗过一位女性,即便在她的丈夫过世后,她也顽固地拒绝任何人帮助或支持她。"别——不麻烦您了",无论谁想帮她提杂货或者开车看望她(她的住处和大部分朋友相距一个小时的车程),她都这么说。她决意独自一人,不愿同伴围在旁边给予她特殊关照。

处在 10 的生活也同样暗淡。处在 0 的人认真躲着聚光灯,而处在 10 的人则渴望暴露在聚光灯之下。他们觉得,如果别人不承认他们的重要性,他们就不复存在。他们对关注上瘾,而像大部分上瘾者一样,他们会为了得到快感做任何事,即使这样会让真正的爱沦落到次要位置。处在 10 的时候,人性在装模作样与妄自尊大的空虚中崩塌。想想伯尼·马多夫吧。他从自己的客户那里骗取数亿美元。

在被逮捕的时候，他竟然还嘲笑调查者的"无能"，因为他们没有问对问题。即便他的后半生都要在监狱里度过，他还是不忘自觉高人一等。

处在 1 或者 9 的人也好不到哪里去。处在 9 的人仍然身处阴暗自恋心理的领地。他们可以不让自己活在聚光灯下，但是这对他们来说太痛苦了，所以他们需要专业的帮助，破除这个习惯。（想想电视剧《广告狂人》里的唐·德雷珀吧，他搞了一次又一次外遇，拼命寻求刺激和关注，就算看到自己的谎言与不忠对家庭造成的伤害，也罢不了手。）处在 1 的人也同样遭罪，他们坚决反对自觉独特。也许他们会在生日当天容忍一些别人的关注，但是他们讨厌这样。

我们在分布谱上向 2 与 3，7 与 8 靠近，甩掉 0 与 10 附近的强迫性顽固，进入了习惯的领域。这个范围内的感情变化程度更大，因此转变的可能性也更大。处在左边 2 的时候，他们觉得自己独特，虽然只是偶尔冒出这样的想法。处在 3 的时候，他们可能悄悄地幻想着伟大。处在右边 8 的时候，他们可能偶尔弃置浮夸的幻想，考虑一下别人。处在 7 的时候，他们开始重新展现正常的样子，偶尔能承认小错误。

我大学里的一位室友就是处在分布谱上 3 的一个很好的例子。她享受自己的生日，也喜欢别人的赞美，但还是讨厌别人的照顾。要是有人想帮她洗碟子，她会一骨碌爬起来自己洗。对此她很苦恼。某天晚上她向我坦白说："我很讨厌自己难以接受帮助或者特别对待。"相应地，我的另一位室友处在 7，他能察觉到自己在日常对话里，经常丢出一堆名人的名字，或者想办法表明自己在考试中得了高分。"我知道这不对，"他说，"但是这样人们才会佩服我。我担心自己如果不这么做，他们就没那么看重我。"习惯性的自弃者和自恋者意识到自己的行为可能不大健康，只是他们不能控制。

最健康、适度的范围处于中间段，在 4 到 6。在这里，我们也许会看到勃勃野心和偶尔的傲慢，但自觉独特不再是强迫性的，而仅仅是有趣的。处在 5，即正当中的时候，意味着不再执着于觉得（或避免觉得）自己独特。处在这个位置的人满足于关乎伟大成功的生动梦想，但不会一直沉浸其中。你会发现，虽然 6 超过了中心点，却仍在健康范围内。健康自恋心理其实就是自我沉迷与关心他人两者间的自由出入——潜入那喀索斯金闪闪的池子，但不会因追求自己的映像而沉到底部。

我最近患了重感冒，爱发牢骚，苛求于人。我只想有人照顾我。但是，朋友打电话来，说他丢了工作，只得离开这座城市，去另一座城市谋生。突然，我的感冒不那么重要了。我从床上爬起来，洗漱完毕，去找他谈心。

大多数人类行为模型都认为，灵活性是心理健康的特征，我们调整自己的感受和行为以适应环境。自恋心理也与此相似，只有最极端的自弃者和自恋者才停止不动。健康的人一般保持在分布谱的一定范围内，一生中或多或少有些变化。不过，如果有足够的动力，我们就会变得更自恋。

当我们没有安全感，觉得孤单、伤感、困惑或者脆弱时，自恋程度会迅猛提高。对成年人来说，生活中的重大事件，比如离婚，老年得病，往往让人更加以自我为中心，从而维持自身价值。对年轻人来说，自恋心理在青春期达到顶峰。少男少女经常表现出无所不能的样子，令人震惊，似乎他们不受自然法则和人类法律约束（比如说，别人酒后驾驶可能出人命，但他们绝不会）。他们还经常夸大自己的痛苦——情绪无常，突然有强烈的绝望感；坚信没人能理解自己单相思的痛苦；仅仅因为没有一个拉风的智能手机就羞愧难当。没有别的人和事，比他们所感受到的痛苦更重要。

虽然让父母很苦恼，但青春期自恋心理暴涨是正常的，也可以理解。我们在这个时期离开我们的父母，发展个体身份，成为独立个体。虽然我们内心深处明白，自己尚未能够独立面对世界，但我们还是想要挣脱原本影响自己的人。这时候，我们需要别人，但不确定是否能得到或是否应该得到他们的支持，我们会强烈依赖于自觉独特。这会增强我们的自信心，但只是暂时性的。虽然这种对自身的肯定并不真实或持久，却能帮助我们渡过难关。一旦我们的青春期到头了，自恋心理指数会急剧下降。这时候就应该处理成年人的事务了——而这意味着考虑不包括自己在内的其他人。

毫无疑问，你遇见过外向型自恋者。你经常听说的就是这一类人，麻烦事因他们而起。他们大声喧哗，爱慕虚荣，容易识别。他们炫耀金钱与财产，每时每刻都力图成为关注焦点，在办公室里一心往上爬。但是，自恋也有其他形式。自觉独特的强烈驱动力会造成其他两种自恋行为：内向型与共享型。

内向型自恋者（科学文献里又称脆弱型、隐蔽型或过敏型）和其他自恋者一样，深信自己比其他人更好。但是他们内心害怕受到批评，所以对他人诚惶诚恐，甚至对关注避之唯恐不及。他们看上去羞怯而谨慎，容易让人误以为他们是处在分布谱最左边的自弃者。但是，他们和自弃者不同，他们并不觉得自己低人一等。他们相信自己拥有未受承认的才智和秘密的天赋。相信自己更了解、更熟知自己周围复杂的世界。在自我报告中，他们认同的描述有"我觉得自己的气质不同于常人"。在外人看来，他们敏感又脆弱。他们说话时老是揪着对方不放。不大得体的用词，语调上的变化，甚至往旁边看一眼，都会遭到他们的质问："你这是什么意思？"或者"你干吗转过头去？"内向型自恋者的固执饱含怨气：他们对世界"拒绝"承认自己的特殊天赋感到恼怒而怨恨。

　　共享型自恋者最近才得到研究者确认，他们并不在意自己是否脱颖而出，成为最优秀的作家、最有成就的舞者、最遭人误解或忽略的天才，而是觉得自己是个良师益友，善于理解人，有同理心。他们自豪地宣称自己多么有慈善心，花在自己身上的钱多么少。他们在聚会上把你堵在角落，兴奋地低声描述自己对隔壁悲痛的邻居多么体贴："这就是我啊，一个天生的倾听者！"他们相信自己比其他人更好，自诩为馈赠者而非索取者。他们乐于认同的描述包括"在我认识的人里我最乐于助人"和"我一定会因为自己做过的好事而善名远扬"。

　　正如你所见，并非所有的自恋者看起来、听起来都一样。毫无疑问，除了以上三种类型，我们将来会发现其他类型的自恋者。但要记住，无论他们有什么不同，他们都有一个首要动力：他们每一个人都极度依赖于自觉独特。只不过采取了不同的方式。

哪些人更容易自恋？

　　你已经知道，年轻人可能更容易自恋。25 岁以下的群体最自恋，而随着年龄增长，自觉独特的驱动力会减弱。但是，那个长期存在的问题呢：男人更自恋还是女人更自恋? 大部分研究只涉及浮夸而易于辨别的自恋者。关于这个问题,群体性研究一致发现,在略微不健康的范畴里(按照本书的划分在 7 到 8 之间),男性只是稍稍多于女性。与此形成鲜明对比的是,在分布谱的最右边,男性数量占明显优势,是女性的两倍。

这一差别至少可以部分归因于性别角色。在大多数情况下,大声说话、展现自信的女性受到批评,但具有相同行为的男性却受到鼓励。所以,两性在习惯性自恋方面的区别不大,在成瘾性自恋方面的区别却很大,这也就不足为奇了。女性若有非凡的自信和竞争力,这是一回事,而自负与咄咄逼人严重偏离通常的女性行为准则。

有关共享型自恋的研究仍处于起步阶段,但从目前来看,此种类型对两性影响的差异似乎不大。共享型自恋者可能只是暗自相信自己是最好的父母、朋友或慈善家,也可能站到台上向大家宣布这一点。男性倾向于大声宣布,而女性更倾向于暗自相信,这样,性别差异自然就扯平了。有趣的是,内向型自恋者在两性之间似乎是五五开。

某些职业似乎更能吸引处于分布谱特定区域的人群。处于分布谱高自恋程度区域的人,容易受到有权力、赞扬和扬名机会的职业吸引。据布莱恩特大学心理学家罗纳德·J. 德卢加的研究发现,美国总统似乎比大多数普通民众更自恋。他利用 NPI 对自乔治·华盛顿以来包括罗纳德·里根在内的每一位总统的传记信息，进行打分。不出所料，自我意识强的总统，比不那么强硬的总统得分高，前者如理查德·尼克松和罗纳德·里根，后者如吉米·卡特和杰拉尔德·福特。不过几乎所有总统的得分都足以使其被称为"自恋者"。

阿帕拉契州立大学心理学家罗伯特·希尔和格雷戈里·犹希对政治家（不包括总统）的自恋倾向进行了研究，并将其与图书管理员、大学教授和牧师进行了比较。政治家的自恋得分高于其他组，牧师和教授处于最健康水平，而图书管理员的自恋程度最低。和政治家不同，其他职业没有一个能够拿到足以冠之自恋者的高分。图书管理员得分过低，和自弃心理有一定关系。

表演艺术是相当吸引自恋者的领域，这倒在意料之中，毕竟这是自我展示的机会。但是如果你仔细观察，这里同样也有自恋心理的差异。广播节目爱情热线的主持人德鲁·平斯基博士的研究就证明了这点。他请每位参加节目的嘉宾进行 NPI 测试，随后，他与南加州大学马歇尔商学院的心理学家 S. 马克·扬合作，将其分数与演员和其他艺术领域职业者的分数进行比较。结果显示，演员和喜剧演员的自恋程度排在表演者中间一档（女性比男性更自恋，这可能是因为她们的容貌对事业成功更重要），音乐家自恋程度最低。而最自恋的表演者呢？是电视真人秀明星。

基于这些数据,平斯基和杨得出结论,即出道时自恋心理过重的明星可能只有短暂的职业生涯。平斯基和杨还把该记录与 MBA 学生进行对比——因为与其他群体相比,MBA 学生的自恋得分通常更高——不过名人组仍然胜出。

我们身边的自恋者

我们中很少有人能经常和国家元首、名人或 MBA 学生交流,因此我们碰到的自恋者更可能是我们平常与之打交道的——亲戚、朋友、同事、约会对象或者伙伴。我们可以从处于分布谱两个极端的普通人入手来分析。

处于 2 的生活:自我否定

桑迪,28 岁,单身,在一家生物科技公司担任行政助理。她在工作中遇到不顺心的事,来找我咨询。原来,她的老板决定为她办一场聚会——这是他对桑迪表达感谢的方式,因为她的不懈努力让公司去年取得丰厚业绩。

"他计划给我颁发最佳员工奖,聚会那天又刚好是我生日,他觉得这样可以一举两得。"说这话的时候,她的表情很不自然,瘦弱的身子在宽大的黑色衫裤套装里显得更小。"我老板花了很长时间,打算给我一个惊喜,但我隐约察觉到他的计划，因为其他人在空调附近窃窃私语。"桑迪对聚会不大喜欢，希望取消。"我告诉老板的合伙人，最近我不能集中注意力工作，因为一想起这事就觉得既尴尬又紧张。最后聚会取消了。"

"是什么让你觉得不自在？"我问道。

"我受不了别人表扬，那让我浑身起鸡皮疙瘩。我不喜欢成为焦点。我也不喜欢生日聚会，更别说惊喜聚会了。"

"这可能是什么原因呢？"

"不知道。"她说。她盯着面前的墙，墙上是一幅蓝绿相间的抽象画。"我只知道自己不自在。我不喜欢别人和我亲近。"

虽然桑迪对别人的感激过敏，但她总能给予朋友支持。如果他们送给她鲜花或卡片表示感谢，她还是会很不舒服，接受礼物也很勉强。

"那你男朋友呢？"她和乔在一间小公寓里同居三年了，公寓距离她公司只有几分钟路程。

"他对我说好话或者表示想照顾我的时候，我真的受不了。"她很不自在，在位子上动来动去。"我告诉他不必这么做。我又不是小孩子。"

她很苦恼，这开始影响到她工作、家庭以及她和朋友间的关系。"我的老板很伤心，他说只是想为我做点特别的事。"乔对这样的单方面感情越加疲惫。"他那天非常生气,他问我生日晚餐去哪家饭店吃。我已经不想谈这个了。"她皱着眉头说,"我告诉他,'我们为什么不待在家里做饭吃呢,或者你随便定个地方就行。'"

乔厌恶地举起双手吼道:"你从不让我为你做任何事!"

"这就是问题所在,"我说,"有时候,人们需要我们站在舞台中央。这也让我们感到自己很特别。"

桑迪的例子说明了分布谱 2 附近的生活很危险。处于 2 附近的人不仅不熟悉自我独特的感觉,而且害怕它。

有所成就,受到赞扬和关注,我们中的大多数都会因此受到激励。这个时候,聚光灯照在我们身上。但是对于生活在 0 附近的人,即极端自弃者来说,即便是表扬性质的关注也很可怕。这并不一定是因为他们觉得羞愧或者自己不完美,虽然有些人会这么认为。他们只是相信平凡是最安全的生活方式。他们待在阴影中,原因正如日本谚语所说,"露在外面的钉子会被敲下去"①。他们甚至害怕自己成为负担。这并不是殉道者的虚情假意,一边叫着"我不想让你陷入任何麻烦",一边却大声抱怨,吸引每个人的注意。这是真正的恐惧。

和桑迪相似的人太担心自己看起来需要帮助或者自私自利,对他们来说,连承认自己有所需求都很困难。不抱

---

① "钉子"有时也作"桩子"。此谚语意思和"枪打出头鸟"相近。——译者注

任何期待地辛勤工作也是很累人的，所以处于分布谱这个极端的人会陷入一阵阵迷惑的伤感中。他们觉得精疲力竭，但是让自己精神焕发的需求被埋藏得太深，连他们自己也不确定该怎样要求。

自弃者最普遍的特征是极度担心自己在任一方面变得自恋。他们时刻警戒，过于戒备自己身上出现任何自私或自负的征兆，以至无法接受别人的关爱。他们为警觉心付出了惨重的代价。如果他们允许别人疼爱自己，享受被崇拜的时刻，升华的不仅仅是他们，还有那些爱他们的人。

处于 9 的生活：为自我服务

加里，24 岁，单身，是商学院的学生。他的院长为他找到我，院长是加里父母的老朋友，对他的缺课非常关心，也很恼火。

"比起上课，我有更重要的事情要处理。"加里眉开眼笑地对我说，"我和一个朋友要开公司。我们有一天晚上喝了几个小时的酒，想出了这个创意。它真是个好计划。"他来我办公室的时候迟到了十分钟，但对此没有丝毫歉意。"刚开完股东会议。"他解释说，紧握我的手，表示问候。

"不错，"我回答说，"恭喜。"

"我知道怎么推销自己，"他耸耸肩说，"我就是干这个的。"

我明白他的意思。他的坐姿很有气势，双手放在脖子后面，手肘朝外，看起来更像个业务主管，而不是学生。他穿得也像业务主管——时髦的深蓝色西装，发亮的皮鞋，一条红蓝相间的条纹领带。

"你对这个在行吗？"他问道，"我没什么时间可浪费。"

"我们会知道的。"我说，心想他早已决定。"以我看来，你缺了这么多作业和论文，可能会被开除。"

"院长和你这么说的？"他嗤笑着反驳道。他靠到椅子上，双臂交叉。"听着，他们一定会留下我。要不了多久我会是他们最棒的学生。他们唯一能做的就是求我留下来。要是不这么做，等我的创意大受欢迎，我飞黄腾达时，他们就知道自己犯了什么错。"

"不过你应该能体谅院长的处境吧？"我问道，心里好奇他有没有想过自己正陷于多么危险的境地。

"我能说服我爸妈做任何事，"他很确定地告诉我，"我几乎能说服任何人做任何事。"他又加了一句。他用手指理了理头发，说道："人们总是大惊小怪的。作业我糊弄糊弄就行了，没问题的。"

"那你为什么来找我呢？"我问，"你不必这么做的。"

"我想你需要给我一张心理健康的证明。"他实话实说。

"啊，"我说，"证明不是这么开的，很不幸。我们需要——"他立刻打断了我。

"你看，"他说，"我知道我得说服院长的上级。这就是我爸妈付钱的原因。如果你不帮我，我自己肯定也能找其他人搞定这事。"他起身要走。

"你可以走，"我说，"但是问题部分在于你觉得自己不需要任何人的帮助。你有很好的天赋和很大的野心，这是好事，但是你不能仅仅靠这些。如果能的话，你现在就不会坐在我对面了，院长也不会在下周一开会，决定这是不是你最后一个学期。"

这些话似乎引起了他的注意。他又坐了下来。

这是我们了解和厌恶的自恋：自负、自感优越、有时咄咄逼人。处于9的人是极端自恋者，经常觉得自己不受规则和期望的约束。无论他们得到什么，都不够；无论他们犯了什么错，都能解释得通。加里从没想过自己真的可能被开除，哪怕一瞬间。他莫名地相信，比起他需要大学，大学更需要他。他深信他的经商天赋能拯救自己。

处于9或10的人将自己的特殊地位看得比生命还重要。他们相信自己比一般人高一等。这种信念甚至会达到幻觉的地步，就像加里一样，他真的认为自己为所欲为也还能留在学校。这种以为自己是"特例"的感觉也解释了处在最右端人的许多其他特征——受到一点点轻视就大发脾气，为得到自己想要的愿做任何事，把别人看作自己的垫脚石。

　　极端自恋心理使人们忽略其他人的感受。这是我们觉得在自恋程度过高的人周围深感不快的原因之一。处于10附近的男性和女性过于沉浸在自己受到认可和奖赏的需求中，不再考虑其他人的需求。

　　加里的父母连着一星期晚上给他打电话，让他找人帮忙。"我没办法了。"他妈妈在一条留给我的语音信息中哭着说。加里却不予理会："她总是这样。"即便加里对自己即将遭到开除不以为意，院长还是一直努力维护加里。院长看着加里长大，明显把他看作自己的儿子。整件事情显然造成了很大影响——院长在语音信息里听上去很疲惫。但是加里完全没注意到他把周围的人弄得多么紧张，尤其是关心他的这些人。"院长和我妈一样杞人忧天。"

　　处于自恋分布谱最右边的人经常把别人当作供自己使用的工具。从一开始，加里就把我看作头脑简单的仆人。当我告诉他我不能简单地开证明，告诉学校他没问题，他就突然朝我发火。

　　加里对自己的问题完全没有清晰的认识。当自觉独特上瘾后，就无法承认缺点，无论这在其他人看来多么明显。像加里一样的人是糟糕的伴侣兼朋友。他们无法从他人的角度看问题，导致与他人的关系出现问题，如频频的说谎与不忠行为。而这些处于9的人自己却看不到。事实上，要是被问到是否喜欢亲密的关系，能否和关心他们的人分享忧伤与孤独感，他们往往会说自已很擅长这些。他们自我意识太差，甚至都不能认识到自己爱的能力很有限。

处于 5 的生活：自我肯定

莉萨今年 41 岁，是一位已婚的亚裔美国人，任职于一家服务于当地亚裔社区的非营利组织，职务为常务董事。她母亲因重度中风过世后，她来找我做咨询。"她甚至还没挺到医院。"莉萨在我们第一次通话中说，"我最近变得不一样了，状态有些失常，所以觉得应该和你谈谈。"

我在候诊室里见到莉萨的时候，她正和其他治疗师的一位病人聊天（我和其他治疗师共用一间办公室）。我之前见过这位女士，但从没见过她和任何人说话。她通常都安静地坐在那儿，翻看杂志或者滑动手机屏幕。今天她在笑。

"很高兴认识你。"莉萨对那位女士说，并挥手再见。我知道这不是客套话。

我把莉萨从大厅里带进来。她坐下之前，先整了整裙子——她穿着一条深蓝色的商务裙，搭配一件相称的西装外套——又理了理马尾辫。"我向来要掌控局面。我不想什么事情——无论是什么——失去控制。"

自母亲过世，莉萨就投身于一系列新的项目中。她忙得几乎没有时间思考。"我一直都很忙，"她说，"但是最近其实是在逼自己。"

莉萨成功开展了一系列项目，帮助无家可归和上了年纪的人，在当地小有名气。她有不少政治人脉，与市议员和州议员都有来往，在电视上经常露面。"很多人都讨厌媒体工作，但是我热爱演讲，热爱出现在镜头中。这样我会觉得自己很有活力。我以前修过表演，怎么也算个三流演员吧。"她从小就上舞台，高中参演过舞台剧和音乐剧。"我喜欢掌声。"

"但最近这好像太多了？"我问道。

"可不是吗？"她反问说，深吸一口气，"不断地追逐成功，这些伟大的梦想，你怎么知道这算不算健康呢？"我知道她完全理解是什么在侵蚀着她自己。因为她一说出来，两眼放光，轻松了很多。

"失去母亲后，你最近比以往更受自恋驱动了。我们可以讨论这个。但是你的伟大梦想不仅让你自己开心，也让别人开心。"我说，"我觉得这就是健康的定义。"

健康自恋的核心很大程度上就是爱与被爱的能力。处于分布谱中间的人并不总在舞台中央，但他们去那里的时候，往往也带上别人。

莉萨身上具有健康自恋的许多特点。她的悲伤使她比以往更多地出现在公众视野中，但是她有足够的自我意识，认识到哪里出了问题。当自己的自恋心理占据上风，处于分布谱中间的人是知道的。当他们太过沉浸于自我，他们也是知道的。莉萨自觉独特，以此为乐，却从不会忽略他人感受。她主要担心她的丈夫道格。她担心道格孤单，而且可能正是如此。

"有一天我看见他坐在电视机前，"莉萨承认，"看起来心情很差。前一天我整晚都忙着策划，所以没回家。"

他们之间展开了一场很长的对话。道格向莉萨承认，觉得她最近只顾着自己。

"他说我只谈工作，"她解释说，"他是对的。"

近来莉萨的工作热情高涨，她会和道格打趣，说自己最近的项目多么复杂，自己又给客户留下多深的印象。在谈到自己最新的宏伟意图——为无家可归的人搭建帐篷时，她会自顾自讲起来，饱含激动之情。

"他觉得自己无足轻重，"她说，"我知道我必须修正这点。我最不想让道格觉得在我看来他什么都不是。"

"那你做了什么呢？"我问道。

"我告诉他我太自私了，会补偿他，"她笑着说，"第二天晚上我待在家里，还烧了晚饭。"

莉萨也展现了处在分布谱 5 附近人群的其他特点。她从自己的宏伟意图中得到激励。她在自己的领域中成为富有创造力的领导，也在政界寻求支持者。她的梦想帮助她取得巨大成就，过上不平凡的生活，但从未因此让别人觉得低她一等。相反地，她在场时，人们觉得自己很重要，似乎做好自己就能体现价值。莉萨让候诊室里那位安静的女士都开心起来。

这明确标志着你和一个处于分布谱中间的人在一起的好处——他们让每个人都变得更好。

有趣的是，这些人并不十分谦虚。他们无须自吹自擂，或炫耀自我感觉多么良好，但是他们也不对自己的天赋感到害羞。比如说，莉萨在一家夜店里遇上她丈夫，于是向他靠近。她溜到他旁边，碰了碰他的肩膀，开了几分钟玩笑，然后请他去舞池。"来吧，"她说，"跳舞我可拿手了，我保证。"

她的确如此。

现在你已经见识过处于分布谱各个范围的人，从极端自弃者到极端自恋者。你也看到，自恋有不同的形式，有健康的也有不健康的。你现在肯定在想：我处于分布谱的哪个部分呢？通过阅读并理解上述故事，你可能已经有一些大概印象了，不过你可以通过完成自恋测试加深了解。

第
四
章

自恋小测试

在你抓起笔开始测试之前——我知道你急着这么干——但有些事你应该了解一下。

首先，别想着很快完成这个测试。这不像你在流行杂志上找到的小测验。你也看到了，自恋心理比大多数人所想的更为复杂，有质量的测试就需要花点心思。但这是值得花额外工夫的，因为做完测试，你会了解到很多东西。你甚至可能觉得惊讶。

另外，这个测试并不同于心理学家设计的其他用以测量自恋的测试。大多数测试都有一个前提：任何自恋心理都是坏的。如果对"我喜欢看自己的身体"和"我对自己有把握"回答"是"，你的自恋分值就会增加。回答了足够多的"是"，你就拿到了足以成为"自恋者"的高分。但是很明显，对自己的身材自信或者对自己有把握的想法并没有害，也不具有破坏性。如果有人无所谓地承认自己没什么特别的，这意味着他缺乏健康自恋。

目前关于自恋的测试有一个很大的缺陷在于，它们仅仅关注自恋分布谱的右侧，大多数为最右侧，没有测试关注健康自恋的缺乏，即分布谱的左侧。为了解决这些问题，我和我的同事——密歇根大学的心理学教授斯图尔特·夸克博士、博士生香农·马丁以及研究助理多米尼克·迪马乔，设计了新的测量工具，名为自恋分布谱评级（NSS）。为保证其准确性，我们收集了来自世界上各个地方的数百人的数据，有老年人有年轻人，有男性有女性，有富人有穷人，所以样本比以往的大学研究更具代表性。

NSS原本包含了39个问题。但为了方便大家自测，我们将其减少到30个条目，并简化了打分方法，这在测试的结尾可以找到。我们把简化的NSS版本称作自恋测试。（欲了解NSS发展情况及其获得的前期研究支持，请查看参考资料部分。）

现在请开始吧。拿出笔，做测试。如果你很勇敢，想清楚地知道自己处在分布谱的哪里，那就把这个测试表交给你的好朋友或伴侣，让他们给你打分。比起我们自己，周围人能把我们看得更清楚。

自恋测试

1到5表示你对每项条目的赞同程度，具体如下。

1	2	3	4	5
完全不同意	不同意	中立	同意	完全同意

1. 表扬让我不舒服。
2. 有人通过出名获得成功，我很生气。
3. 我失去了很多机会，因为毛遂自荐让我感到不舒服（比如晋升或竞争领导地位）。
4. 有时候我不会表达自己想法，因为别人的想法更好。
5. 我经常屈从于别人的意见。
6. 我担心别人对我的看法。
7. 我不确定自己在人际关系中想要或需要什么。
8. 别人问我喜欢什么，我总是答不上来。
9. 一段关系出了问题，我总是自责。
10. 我经常道歉。
11. 我很自信，也很体贴。
12. 即便任务艰巨，我也勇往直前。
13. 通过努力获得成功，我会更自豪。

14. 我能认识到自己的缺点,但不会觉得自己很糟。

15. 如果能改善情况,我乐于承认错误。

16. 我相信一段关系的好坏,双方都有责任。

17. 当别人说我很骄傲的时候,我能虚心接受。

18. 我志存高远,但不会以牺牲自己的人际关系为代价。

19. 我一直觉得给予比索取更重要。

20. 即便遭遇挫折,我依然相信自己。

21. *我觉得操控别人很容易。

22. *我会坚持得到应得的尊重。

23. *我对别人期望很高。

24. *我在得到自己应得的之前绝不满足。

25. 我暗自相信自己比其他人更好。

26. 受批评的时候我会非常生气。

27. *在公众场合如果别人没注意到我的感受,我会很失望。

28. *我一有机会就想炫耀。

29. *我有很强的掌权欲望。

30. 与大多数人相比,我在很多方面都很优秀。

标有星号的条目已获美国心理学会批准,修改自R.N.拉斯金和C.S.霍尔的《自恋人格量表》,发表于《心理学报告》,

1979 年第 45 卷第 2 期第 590 页。

自恋缺乏（ND）：计 1~10 题的得分并写在这里：

_____

健康自恋（HN）：合计 11~20 题的得分并写在这里：

_____

极端自恋（EN）：合计 21~30 题的得分并写在这里：

_____

理解你的得分

评级由三个因素的得分组成，这就像把所有条目分解成三个组，每组都与自恋（或自恋缺乏）相关，但是分别预测了完全不同的行为模式。每个因素的得分都能大概标明分布谱上的不同位置。

正如每个分数的名字所写的那样，第一个总分代表了你在分布谱左侧的位置，第二个代表了你向中间（健康自恋）靠近的趋势，第三个表示你在右边多远的位置。

你可能已经知道，获得高分的唯一有利因素就是健康自恋。这是因为我们设计评级与分布谱对应。正是两个极端（过少或过多的自恋）带来所有的麻烦。

下面简略地告诉你分数的意义。

自恋分布谱

0	1	2	3	4	5	6	7	8	9	10
禁绝		习惯		适度			习惯		成瘾	

我的自恋程度刚好吗？

你的 HN 得分高于 43 分吗？如果不是的话，请查看自恋缺乏部分。

如果你的得分大于等于 43 分，并且此项得分高于其他两项得分，请跳到健康自恋部分，阅读你收到的祝福。你正处在你所希望的地方，在分布谱 5 附近。

我的自恋程度太低吗？

你的 ND 分值高于 35 分吗？如果是，并且此项得分高于其他两项，你就处在厄科的范围里，即分布谱的 1 至 3。请跳到自恋缺乏部分。你会找到相应的描述。

我的自恋程度太高吗？

你的 EN 分值高于 35 分吗？如果是的话，请查看极端自恋部分。

一个实用的估计方法：如果你在极端自恋方面得分很高，无论其他分值是多少，你至少处于分布谱的 7 至 8。

这是因为我们设计评级有一项前提，即不健康的自恋者会尽可能地把自己的每方面都描绘得很好（他们在纸笔测试中的通常做法）。这意味着他们在健康自恋和极端自恋中都会拿到高分。

找到你在分布谱中的位置

如果你对自己了解到的情况很满意，你就不必深究下去了。不过要想明确你在分布谱上的准确位置，你还需要再花些工夫。现在，你对自己大概的位置可能已经有所了解。但是，没有更多的信息，就难以分别 2 与 3 和 7 与 8。另外，如果你是极少数人中的一个，比如说，EN 和 ND 得分都很高，你就需要挖得深一些。

我们将依次检视各项分值。

自恋缺乏：独特的担忧

ND 的平均分值是 28。如果你的得分在 28 和 34 之间（或更低），那么你就是正常的。分数越高，问题可能越多。

ND 得分较高（大于等于 35）的人趋于：

- 自尊感低
- 服从于同伴的愿望与需求
- 觉得自己配不上 / 无特权
- 努力给予和接受感情方面的支持
- 感觉消极
- 谦卑
- 感到焦虑、消沉，感情脆弱

最适合这个群体的两条描述是"我不确定自己在人际关系中想要或需要什么"以及"别人问我喜欢什么，我总是答不上来"。

如果你的得分在 35 和 41 之间，你很可能处于分布谱 2。

如果你的得分大于等于 42，请把自己定在分布谱 1。

绝大多数在这个因素得高分的人不会在另外两个因素拿到高分。如果你在这个因素拿到高分，很有可能这是你仅有的高分。

如果你的得分小于等于 28，你的状态就很好。你至少有足够的自恋程度，这对你和爱你的人都有一些益处。先把自己定在分布谱 3，但你可能更高。要想知道这一点，我们需要检视你的健康自恋分值。

健康自恋：独特的乐趣

健康自恋（HN）的平均值为 39。如果你的得分远低于它，即小于等于 35，那么请保持你在分布谱上的位置不动。这里的低分恰好证明你并不一定享受自觉独特（虽然你可以忍受这种感觉）。

如果你至少得到了平均分，那么恭喜：请把你自己定在分布谱 4。你正在上升！

如果你的得分在 43 至 46 之间，请把自己定在分布谱 5。

如果你的得分超过 47，请把自己定在分布谱 6。

接下来就是好消息了。在这个因素上得高分的人趋于：

- 冷静、乐观、有活力
- 有高度自尊感
- 擅长给予和接受感情方面的支持

- 生活有目标感

- 严于律己

- 信赖别人，享受亲近和亲密关系

- 觉得自己配得上，但无过多特权感

最适合健康自恋的两条描述为"我志存高远，但不会以牺牲自己的人际关系为代价"和"当别人说我很骄傲的时候，我能虚心接受"。

有趣的是，在HN上拿高分的人很可能并不仅把自己看作独特的人（比如，比大多数人更有魅力、更有才智、更无私、更耐心），同时他们也认为自己的伴侣比其他人更好。他们的确用积极的眼光看待自己，以及自己所爱的人。

除非，他们在下一项的得分也很高。

如果你读到这里，想一想，你越过了中心段吗?

极端自恋：依赖于独特

EN平均分为27。大部分人对这个部分的多项内容表示不同意或者中立。

如果你得分小于等于27，你可以保持自己在分布谱上的位置不动。但是如果人们在EN方面得分更高，问题就出现了。

如果你的得分在 35 至 41 之间，那就把自己放在分布谱 7。

如果你得分大于等于 42，请把自己放在分布谱 8。

从 9 开始是病理学的范围。你无法运用自助检测的方法来诊断人格障碍，这不够准确。你需要心理健康工作者的帮忙。如果你得分超过 42 分，也许你应该阅读关于 9 的描述。你很接近它。

在 EN 方面拿高分的人趋于：

- 自尊感出现波动
- 努力给予和接受感情方面的支持
- 觉得自己有特权，喜欢操控，渴求认同
- 认为自己比伴侣（和其他人）更好
- 看上去爱争论，不乐意合作，自私
- 不愿表露感情（除了愤怒和寻求刺激之外）
- 在工作中矛盾重重

最适合这个群体的两条描述是："我暗自相信自己比其他人更好"和"我在得到自己应得的之前绝不满足"。

在极端自恋方面得高分的人似乎比缺乏自恋的人健康

一点，比如说，他们更乐观，看上去热爱生活和自己（比如，"当我看着我妻子的时候，我很高兴生活是这样的"）。他们也宣称与在分布谱左侧的人相比，自己不焦虑或消沉。但是，和处于中间段人群表现出的才能相比，他们表面上的优势就显得苍白。他们脆弱，容易崩溃。当自我形象受到挑战，他们吹嘘自己的才能，或者怪罪（甚至攻击）他人，从而保护自己。由于他们和别人来往时爱争论，又粗心，人际关系因此受到严重影响。

特殊情况

在一些罕见的情况下，有人同时在自恋缺乏和极端自恋上拿高分。如果你是这样，你有可能在感觉自己无用和优越这两个极端之间波动。即便你没有说出来，你也可能抱有不着边际的浮夸的梦想，通常是关于大权在握或者向别人展示自己比他们好。

大多数在极端自恋拿高分的人绝不会认可"我经常屈服于别人的意见"。相应地，大多数自恋严重缺乏的人觉得自己完全不配，而这正是觉得自己有特权的反面。

但是，当自我怀疑和畏缩的处世方式与愤怒、嫉妒、特权感极强的模式结合在一起，两项分值都会增加。这就是内向型自恋的标志。如果你是这样，那么你高度自恋，但不外向。这要么是天性使然，要么是曾受到一系列失败的打击。

你至少在分布谱上处于 7，如果 EN 得分超过 42 就更高

如果你自认为比所有人都优越，只是世界拒绝承认你的观点，这种情况并不罕见。你看上去像一个缺乏自恋的人，但现实中，你可能依赖于自觉独特，只是没有得到足够的关注来培养这一习惯。亲近的人会看到你的特权感和自负，但你的同事可能觉得你是一个饱受焦虑、自我怀疑折磨的人。

现在，你应该对你自己——或者你爱的人——在分布谱上的位置更清楚了。接下来请把学到的知识用起来，你将会更好地理解周围人的行为方式及其原因，同时你也能远远地察觉到危险自恋者的存在。

第
二
部
分

Chapter Two

自恋的起源

第
五
章

人为何会走向极端？

　　我曾在一家住院治疗中心做过心理医生，在那里我遇到了两位迥然不同的病人。杰伊是一位环卫工人，身材魁梧，留着一头金发。他因为租金上的争执威胁要在房东家门口自杀，于是被送了进来。他总是大声喧哗，又苛求于人，大摇大摆走进休息室，还朝工作人员和其他病人发号施令。他太令人厌恶，才没待几天，我发现护士长，一位平和文静的女性——人们都叫她"圣女"——竟然发怒了。"唉！"她叫道，"他真是我见过的最让人心烦的自恋者！"另一位病人卡萝尔，身材娇小，头发乌黑，有一双羞怯的眼睛。她曾尝试服用过量药物自杀，之后她便不能再从事摄影工作了。卡萝尔循规蹈矩，不要任何东西，总是独自待着。她和社区其他人一起吃饭、锻炼、看电影的时候，几乎不说话。每当杰伊占据关注中心，让房间里的人喘不过气来时，卡萝尔就离开，避免任何交流。

奇怪的是，他们是双胞胎。

如何解释卡萝尔在自恋分布谱的极左侧，而杰伊处在极右侧呢？决定我们长大后成为什么样的人的两个最大因素是天性与教养，只不过在长期的激烈辩论中，焦点是两者发挥作用的大小。而在自恋问题上，教养起决定性作用。我们所有人生来就有自觉独特的驱动力，这是禀性。但是，我们是否会进入自恋分布谱的两个不健康极端，成为自我否定的局外人，或激动不已的吹牛者，主要取决于自身环境。

天性决定起点

我们并非像白板一样来到地球。我们生来就有禀性，即一系列生物上的倾向，使我们偏向于，比如说，谨慎或冲动、精神紧张或心态平和、富有想象力或脚踏实地。除了严重的脑部损伤会影响另一个方向的神经回路外，我们还会依照自己的基因蓝图成长。举个例子，一个容易紧张的人可能会随着年龄的增长而变得性格沉稳——研究表明我们都是这样——但永远不会从一开始就像"一个稳重的小孩"那样淡定。

其中一项被研究最多的生物性格就是内向/外向。外向驱使人们登上舞台，把生活变成聚会，寻求新冒险。内向让我们更安静，不受人群影响，说话前三思，思考得更多。无论我们的自恋是什么形态，总是被这种内在趋势影响。你已经看到，并非所有自恋者都是富有魅力、干劲十足的成功者，这很大程度上是由我们基因中的禀性决定的。

同样，自恋心理在某些人身上的表现本来就会更多一些。高度自恋驱动力的标志可以早到出现在 3 岁孩童身上——极度渴求关注，十分反感规则。自恋心理也可能因为另一种很早就显现的内在倾向的缺乏而升高：同理心，或者说对他人的同情。我们对自弃者的基本禀性知之甚少，但据自恋分布谱评级的初步结果我们发现，处于分布谱极左的人群也许生来就较为脆弱——可能更趋于带有负罪感、羞耻心和恐惧感——因而更可能在环境中保持低调。

然而，即便是最喧闹或最羞怯的孩童，如果我们投入足够的爱与支持，也可以使他们成长为健康的成年人。换句话说，天性可能决定我们处在左侧或右侧，但是我们都有机会到分布谱的中间。导致我们进入不健康区域的原因——即形成极端自恋（左侧或右侧）——是我们如何被培养，以及文化告诉我们什么重要。

教养决定我们在分布谱上的位置

导致孩子在分布谱上处于过高或过低位置的关键童年

经历总是一样的：无安全感的爱。

　　要稳定在分布谱的中心，孩子需要觉得自己无论做或不做什么，都可以依靠养育自己的人。在孩子觉得伤心、孤独或害怕的时候，父母会倾听他们的心声，提供安慰。这就是有安全感的爱的标志。如果孩子没有这种爱，他们就会形成不健康的行为方式，寻求关爱，比如寻求关注（自恋者）或待在阴影中（自弃者）。

　　培养出自恋者的方式有多种。父母只在孩子出类拔萃的时候（评上毕业生代表、校队队员或选美皇后）关注他们，为他们庆祝，这会使他们在余生追逐嘉奖和认同。在这种成长环境下，外向者容易成为自恋者，乍看魅力十足，进一步交往却发现脾气不好。内向者则相反，可能成长为脆弱的成年人，当别人不对他们所说的投以十足的关注，他们就会大为恼火或者干脆走人。

　　但是如果他们的父母不断地闯入、打扰内向者和外向者的生活，带有很大误导性，并且忽视他们对隐私和个人空间的需求，内向者和外向者在分布谱上的位置会升高。采取这种养育方法的人，自己必定是个自恋者，总把对控制和关注的渴望置于孩子对自立的需求之上。他们的儿女觉得，一旦为他人的需求留出空间，自己的身份就被彻底丢弃。如果他们足够外向，就会为自由奋斗，调大自己的音量，对其他人听而不闻，就像父母对他们做的那样。这种解决方法似乎是：打败不了他们，就加入他们。

相反地，父母在精神上长期脆弱，焦虑、愤怒或消沉，可能会导致孩子在分布谱上向左移动数格。孩子发现，唯一获得关爱的方法就是尽量不要给周边人造成麻烦。"我决不能向爸爸妈妈要求什么——他们也许会哭、会尖叫——但是如果我要求得很少，他们也许就会爱我。"生性敏感、向左倾斜的孩子原本就顺从他人，在这里可能遇上更大的风险。父母只在孩子赞赏、恭维、安慰他们的时候显得开心和满足，这也会带来相似的结果。比如，母亲需要孩子告诉她，她很美，是个好妈妈。这类"父母化孩子"学会的是重复、满足父母的需求和欲望，而完全埋葬自己的需求。

孩子受到的养育方式决定了他们落在分布谱的哪一段。对于最终处于右侧的人来说，还有一项因素决定他们会成为哪种自恋者：文化。崇尚个人主义与名利的社会，比如美国和英国，容易出现极度外向的自恋者，他们把钻牛角尖看作了不起的事情。相反地，崇尚利他主义和集体和谐的社会，如日本和许多其他亚洲国家，容易出现共享型自恋者，他们认为自己是这个星球上最耐心、最忠诚、最有礼貌的人，并以此为荣。

自恋者和自弃者是后天造就的，而非天生的。我们生下来可能带有一些倾向，但是生活中的人和周围的世界会影响我们最终处在分布谱的哪一段。这把我们带回到了卡萝尔和杰伊的故事,这个故事是一堂很好的课,展现了禀性、养育和文化如何相互影响,导致完全不同的结果。

杰伊生性吵闹,卡萝尔天生羞怯,两人在同一个家庭长大,同在高度自恋的父亲的统治之下。父亲习惯在晚上一边读报,一边喝点威士忌。如果受到打扰,他就勃然大怒。卡萝尔学会了最小限度地反抗,在父亲旁边蹑手蹑脚,希望他能保持平静。而喧闹的杰伊则发现唯一让自己得到注意的方法,就是像他父亲一样,大吼大叫,在别人控制他之前控制别人。这对双胞胎都表现出不健康的自恋心理,作为孩子,他们学会了不同的处理方法,成长为心理状态不稳定的成年人。

再说一些自恋者

到达分布谱极端和中心的方法有很多。为了清楚了解什么样的经历会鼓励或阻止健康或不健康的自恋心理,我们再来认识几位处于分布谱不同位置的人。

厄科:拒绝大梦想

琼今年 52 岁,秋天的一个傍晚她来到我的诊所。她最小的一个孩子也上大学去了。"自从我的孩子雪莉新学期开学后，我就觉得百无聊赖。可能是空巢综合征吧。"她笑声有点大。琼的眼睛在房间里瞄来瞄去，一会儿看看壁炉架上的紫色细花瓶，一会儿看看桌上的杂志，一会儿看看我，一会儿又看看她右边的窗户。那一刻，我想象她爬出窗户，冲到街上。

"很多人都这么做吗？"她问道，扯掉淡绿色长裤上的线头，"只是谈自己？"

"得花点时间适应。"我承认说，希望让她平静下来。她抿了一口水，继续说："这很奇怪，我家里从没人想过这么做。"她安静地坐着，呆呆地看了我一会儿，似乎在等我同意她继续往下说。她那双晶莹闪亮的绿眼睛，时而隐藏在灰色的短刘海后面。

"你父母不谈他们的想法和感受？"我问道。

"当然，"她回答说，"我父亲曾说没人真正关心别人脑子里在想什么，又何必打扰别人。"

"听上去他很注重隐私。"我评论道。

"不只是隐私的问题。"她说道，喝了一小口杯子里的水。"他觉得谈论自己是件傲慢的事。"

事实上在她家里，任何与自负有点关系的行为似乎都会得到沉默的回应或隐约的厌恶。她的父亲是爱尔兰裔美国人，虔诚的天主教徒，还是严苛的法官，经常警告她，大多数人都因傲慢犯罪。"夜里上床之前，他会坐在那儿，抽着烟斗，一直唠叨，比如'千万别自负'——这必定会带来麻烦。"这些规则深深烙进她的脑海，让她默默地对自己的野心感到羞愧。琼想不起来，她曾什么时候乐于分享自己的成就。

她母亲的态度也差不多。她是一位内向的女性，在聚会上总站在丈夫身后，不希望被注意到。她和所有人都说不上几句话，包括自己的女儿。但是有时候，她会悄无声息却明白无误地表明自己的情感，让琼十分不安。有一次，琼在玩一套洋娃娃，让它们在空中跳跃、旋转。她母亲悲伤地望着她，几乎要哭出来。"她嘟囔着我在做白日梦。"琼低下头，又抬起来，犹豫着隔着灰色刘海打量。"每当我说起自己成为伟大舞者的梦想，她总是不说话。"

"这是你的梦想？"我问道。

"啊，是的！"她的脸上掠过一丝笑容。"但我知道这不可能，我父母说他们付不起课程费。我离家那会儿，早就忘了这回事了。"

"你想过现在去学吗？"我问道。

她又抬起头看着我。我觉得她要哭出来了。

"我只需要想那些自己应该感激的事情。"她挺了挺身子说，"我的孩子健康又快乐。"我知道如果再追问这件事情，她可能就不说话了，所以我换了一个问法。

"你丈夫知道你对舞蹈感兴趣吗？"

　　"我很怀疑。"她说，"他大部分时间都很忙。"琼的丈夫是一家大型投资公司的股票经纪人，几个月来经常一周都不在家，她已经习惯了。"孩子小的时候他也不会在身边待很久。"她解释说。结婚十年后，他经常消失不见，并把这归咎于工作出差需要。后来她发现是他有了外遇。"那很艰难吧？"我问道。

　　"我那时气坏了，但是也让它过去了。"她马上向我坦言，"我关注孩子——他们毕竟是我人生中最重要的部分。"从她的话语中，我推测这很可能不是他第一次有外遇。"但是现在所有的孩子都走了，我觉得迷茫。我真的不知道自己该怎么办。"

　　"你怎么能知道呢？"我说，"你学会了从不关注你自己——而现在，你是唯一可以关注的对象。"

　　我们都需要梦想，它在生活变得艰难的时候支撑着我们，在我们失败的时候提醒我们注意自己的潜力，在我们困窘的时候给我们自由。

　　琼的故事很好地说明，当我们不被允许有梦想或享受自豪感的时候，会发生什么。无论是琼取得小小的成功还是敢于想象自己成就一番事业的时候，她的父母总表现出隐约的厌恶，这使得她最后完全放弃梦想。她从不觉得自己有特权，而是对自己拥有的所有东西都感到幸运。期待或要求更多让她充满羞耻感。她的父母灌输给她一种恐惧，这在处于分布谱 3 的群体里十分常见：认为自己独特总是可耻的。

琼的父母并未在感情上流露太多，但其他父母可能直接批评或贬低这种想法。这正是发生在比尔身上的，他处于分布谱 2。

比尔来找我，是因为他几年来一直有抑郁症状。他在 30 岁时，就开始讨厌自己的会计师工作。他承认自己一开始就不想做这个职业。也就是说，他从事的是一个自己不喜欢的职业。比尔喜欢艺术，但可惜的是，他母亲不喜欢。

"我不知道你为什么花这么多时间涂涂画画！"比尔的妈妈在他小时候一直这么责备他。她的儿子在青少年时期展现出艺术天分，她却逼他在课后参加数学课程。"你需要实用的东西，"她解释说，"除非你想和你爸爸一样。"比尔的爸爸是自由艺术家，工作不稳定，生活无保障，在比尔 2 岁的时候就离家出走了。他妈妈总是不厌其烦地和儿子旧事重提。

比尔吸取教训：艺术生涯不仅是愚蠢的，而且具有破坏性，他已经失去了父亲，如果他自己也走同样的路，很有可能还会失去母亲。在比尔心中，唯一可以得到母亲或其他任何人的关爱与赞同的方式就是放弃取得艺术成就的梦想。在母亲的要求下，他成了一名会计师。像比尔一样的人经常为自己有需求感到愧疚。他们讨厌自己的需求，认为它们可能毁掉人们的生活。

像比尔父母以及某种程度上像琼父母那样的人，往往只是单纯模仿他们自己的家庭如何培养他们，即劝阻骄傲，提倡自我否定。但有时候，他们隐秘地嫉妒自己孩子的天赋和成就。他们甚至经常为自己所牺牲的或未能实现的梦想感到忧伤。他们无法忍受其他人自觉独特的驱动力，因为他们那时候必须放弃。所以作为成年人，他们攻击任何敢碰那喀索斯池子的人。如果成功意味着受到自己所爱的人的拒绝，那么任何伟大的梦想都是危险的。类似地，高度自恋的父母使孩子担心，要求任何事情——关心、爱或者同情——都可能让爸爸妈妈受伤甚至崩溃，这无疑使得自觉独特的驱动力变得很小。

不仅父母能灌输恐惧，兄弟姐妹同样可以。因为受到兄弟或姐妹成功的威胁，他们变得冷酷、轻蔑，对待"特别的孩子"犹如贱民。遭受嫉妒的孩子成年之后，担心自豪感或成就可能导致自己受到攻击，所以就极力避免表现突出，往往采取自我破坏的方法：他们晚交论文，或者不提早准备考试。这是"对成功的恐惧"的典型例子。

任何时候，孩子如果因为努力变得更好而受到环境的惩罚或威胁，在成年后可能会落在分布谱不健康的左端。

那喀索斯：拒绝平庸

查德 27 岁，单身，在一家特产食品店做收银员，他是一名同性恋者。第二段关系破裂后，他找到我。他似乎瞒了什么事——又一次。

"我不知道这次怎么了，"他说道，显得很困惑，"很多人都公开关系了。"

"你的对象知道你想公开这段关系吗？"我问道。

"不知道。但他本来就应该猜到的。我告诉他我不想老待在一个地方。"

这听上去不大像个解释，甚至查德自己似乎也发现了逻辑上的问题。"我想我应该和他说得更明白一点，但是我们的很多朋友都公开关系了，可能我搞砸了。"他深吸了一口气，挺直了背。"所以我更得到这里来了，我有的只剩工作了，我得保住它。"过去几个月查德对顾客态度不好，老板警告他长此下去，他的工作难保。

"你经常发脾气吗？"我问。

查德看了一眼钟。他的黑色长袖衬衫上还落着雪花。他皱着眉头，掸落肩膀上的雪。他右手一个指头上戴着一枚闪闪发光的银戒指，上面有块很大的红宝石。

"我来自一个吵闹的家庭，"他傻笑着说，"别人觉得吵，我们不觉得。"

"他们经常叫喊吗？"

"我爸爸是这样的。"他干巴巴地说。查德的父亲是一名律师，会对家里每个人发脾气。讽刺的是，查德是他最中意的发泄目标，也是他最中意的孩子。"我的童年很美好，"他告诉我说，"我爸爸可能因为工作辛苦，压力大，但是多数时候，他都是我最大的支持者。"

这在我听来可不是快乐的童年生活——他的父亲每晚都到处走，在每个人身上挑毛病：他们的母亲花钱太多，他的姐妹穿得"太松垮"，查德读书不够多。但是查德好像没注意到这个问题。事实上，他最喜欢的记忆似乎是他父亲与他单独相处的时候。查德9岁的时候，有一次，他把查德抱在膝盖上说："儿子，你肯定要做了不得的事情，你有很好使的脑子，只需要专注。"

"他看上去的确很相信你。"我评论说。

"即便我在学校里过得不大好，我爸爸也总说我是了不起的。"查德拿起我的一支笔，开始在桌子上的留言本上胡乱写些什么。"如果这个工作保不住，也许我很快就会去法学院。"

显然，这个工作是查德原本计划用来赚钱的。他的爸爸已经选定了查德作为他在法律公司的继任者，但是他想让儿子自己付一部分法学院的学费。"生活中没有不劳而获。"查德模仿自己的父亲，解释说。即便查德已经因为坏脾气被炒了两次，查德仍确信自己能赚足钱，抵掉一部分学费。虽然学术方面的记录并不乐观——大学最后一个学期的课程他几乎全都不及格，他依然很确定自己能上法学院。查德对未来的展望过于乐观，令人担忧。"我知道我能顶上我爸的位置。"

"你告诉过你父亲工作上的问题吗？"我问。

"啊，不！"查德倒吸一口气，"你疯了吗？他会杀了我的。"

"你觉得自己可以和父亲或母亲——或者家里任何人——谈论困扰你的事情吗？"

"不觉得。我妈总说：'你担心得太多了，孩子。'我爸会说：'伟大的人从不抱怨，他们只会行动。'"

"所以在成长过程中，同学的刻薄、对考试的担心或者任何其他担忧，你都没有人可以倾诉？"

"基本没有，"他说，看上去有点伤心。"我不想自己看起来很弱小。"

"听上去很辛苦。"我说。

"我想可能吧，"他承认道，"我试着不去想这事。"

"所以就发火？"我说。

有一种经久不衰的理论认为，最不健康的自恋源自童年时期的过度宠爱和表扬。自尊运动应为所谓的自恋流行病负责，这个说法正是这个古老看法的其中一个版本。其中的构想是，受溺爱的孩子会像那喀索斯一样，觉得自己有神圣的血统，他们做不了错事。比起周围的孩子，他们更聪明、更有天赋，也更俊美。其中的逻辑是，孩子如果没做什么特别的事，家长却一直说他们是独特的，他们就会成长为以自我为中心的徒有虚名的人。把他们当作王子公主对待，他们就会表现得自己就是王族，甚至可能把别人当作仆人看待。

查德就是典型的在分布谱7或8的孩子。他的父亲想当然地用赞赏把他捧得很高，他的妈妈也用她自己的方式这么做。我们甚至可以在听完他的故事后得出结论：对自尊运动的批判是对的，受到误导的父母和教育者反复灌输他最独特的观念，使他的生活偏离正轨。但是如果更仔细地检验他的经历，就会发现其他的东西，这在不健康自恋者中太过常见了：赞赏几乎是他父母给他的唯一礼物。

查德听到了所有鼓励、所有对他天赋才能的肯定，但他不觉得能够依赖的那样东西就是同理心和理解。他从不知道可以将自己的感受和需求托付给别人。相反地，他家里人教会他埋藏自己对爱与关心的渴望。他们教会他的是不可以相信任何人。生活下去的最安全方法就是埋葬自己的需求。查德正是这么做的——兢兢业业。事实上，他似乎对人类普遍的缺点和过失抱有深深的羞耻感。而这就是产生不健康自恋的最快方法。

　　查德对分享正常的担忧或悲伤感到如此不适，基本放弃了尝试，而转向依靠自觉独特——比别人更聪明、更有天赋、更性感——带来的快感。他隐约看到了自己在人际关系中犯了错，自己的脾气成了问题。但是，他并没有向他人寻求安慰或帮助，而是安慰自己，幻想自己是伟大的律师或者贴心的恋人。

　　如果不使自我膨胀，查德难以对自己感到满意。寻求帮助对他来说很困难，因为依赖别人让他觉得不舒服。只要他向什么人寻求真正的支持，最后只能感到孤独。他父亲根本不会正眼看查德，除非把他看作是自己了不起的儿子。所以这就成了查德看待自己的唯一方式。

　　这是不健康自恋者童年里的一个常见主题。处于左侧的父母劝阻自己的孩子骄傲或追逐梦想，而右侧的父母经常夸大自己孩子的成就。他们需要完美的、独特的或有天赋的儿女——比起为了儿女的幸福，更多是为了满足自己。自恋成瘾的父母往往坚称自己的孩子在某个方面是（或看起来是）杰出的。他们捧高自己的孩子，以此捧高自己，而在这一过程中，孩子觉得自己如果不符合父母心中的形象，自己就什么都不是。他们不过是自恋的父母满足自己欲望的工具。正如我的一位病人曾描述的那样："我觉得自己就是某个人的提线木偶。"

　　在一般情况下，查德处于7或8。他似乎意识到了自己的问题，这在依赖于自觉独特的人群中十分常见。相比之下，因缺乏特殊地位而感到不适且危险的自恋者，会反射性地提出要求，并对自己在生活中造成的伤害熟视无睹。这就是成瘾范围，迈克就在其中。

迈克 51 岁，是处于 9 的内向型自恋者，让他的大多数朋友疲于应付。他不要求赞许，而是坚信自己无论什么时候说话，人们都应全神贯注地倾听。这可不是通常意义上大多数人所期待甚至享受的倾听：他所爱的人必须完全配合他。如果在他讲故事的时候，他妻子仅仅是叹口气或者往旁边看一眼，他都会生气。"你的开心事，我和你的女性朋友全都听完了！你怎么就不让我好好讲完一件事情！"她已经对他的要求感到厌烦，威胁要搬出去。

迈克愤怒地抱怨没人理解他。"我只是和别人不一样——我看到的是世界的本来面目！"他的意思是，世界是个不友好的地方，他从未得到应得的尊重。和查德一样，迈克的父母也让他很不确定，自己的重要性是不是真的（或可信的）。可能他的父亲就是一个自恋程度很高的人，很少让他说话。"大人要说话了。"他插嘴，打断迈克的故事。很难说他的母亲是否支持他（她会陷入奇怪的沉默中），她只是称他是"一个敏感的孩子"。

和很多处于分布谱 9 的人一样，迈克作为一个成人对自觉独特的依赖近乎上瘾，因为这是他觉得自己重要的唯一方式。他从未察觉到，受到关心、得到理解也能给他同样的快感，因为他在长大过程中从未体验过。他不信有人守护着他，所以就以成人的身份向他人索取支持与认同。除非他是所有人的关注中心，否则自己就完全不存在。

健康自恋：享受梦想

享受伟大的幻想而不上瘾，这要求有一种对自我感觉良好的能力——对自尊和自我价值有稳固的意识，享受关注与赞扬，但不会急不可待地证明自己。能做到这一点的人相信自己能成就非凡的大事，但不会因为偶尔的失败一蹶不振。他们有追求关注的动力，但如果代价高昂，也可以放弃。

萨拉 23 岁，是当地大学一名艺术生。她受到父母鼓励，来找我咨询职业生涯规划。"我想要一份真心热爱的工作。我想和很多人打交道，在一个头脑风暴的环境下，人们之间可以交流思想。这就是我渴望的。我想做些教导工作，不知道这能不能行，所以我想在这找到答案。"

"你好像很清楚自己要什么。"

"嗯，"她笑着说，"我父母会告诉我，说出自己想要什么，我从未在这方面有过顾虑。"和萨拉坐在一起没过几分钟，我就不需要确信这一点了。

　　她眯起蓝眼睛，抖着二郎腿，长长的马尾辫微微抖动，像一个老练的讲故事的人，流畅地将自己的故事娓娓道来。瞬间让我惊奇的是，她父母为她人生的下一个阶段做了何其充分的准备。她在小时候很活泼，有时甚至很吵，而且非常有好奇心。她上小学时十分好问，用石头和水做了很多科学实验。"我的床头柜上有很多装满鹅卵石的罐子，放了好多年。"她解释说。

　　"你的父母对此有什么看法？"我问。

　　"他们觉得这很有趣。他们喜欢我的小把戏。我告诉他们我会是下一个居里夫人。我爸爸说：'棒极了，我们正需要一位。'"谈起自己伟大科学家的梦想最终让步于伟大艺术家的梦想，她的眼睛发亮。

　　"我觉得这也是意料之中的事，我喜欢用自己的画作办个小展览。当然，石头是我的第一个对象。"

　　"你父母听上去非常支持你。当你对学校里发生的事情感到沮丧、伤心、愤怒或者焦虑的时候，你觉得自己可以去找他们吗？"

　　"当然，"她说道，几乎连气都不喘一下，"我一直知道如果我掉下去了，妈妈会把我拉上来。我可以告诉她任何事，当然我也经常这么做。我有三个姐妹，但是和妈妈在一起的时候，她还是让我觉得我是世界上最重要的人。我的姐妹说她们和妈妈在一起的时候也这么觉得。"

这似乎就是她童年最大的主题。她的父母宠爱她。在内心深处，她觉得自己很重要——无论自己是否能够取得成功，她总是独特的。她在困难时期总会想起这种感觉。

"我17岁那年，参加了一场绘画比赛。我确信我会赢，但是我只拿到第三名。"她停了下来，浅浅一笑，"我知道自己有天赋。这就是我爸妈一直要我确信的。"

"他们教你相信自己能做大事，但是你不觉得自己必须这么做，是吗？"我问。

"我觉得这说对了。"她表示同意。接下来，她继续告诉我她征服艺术世界的计划。

萨拉似乎很清楚，自己的勃勃野心和自信的态度是达到目的的手段。她在完美主义和自恋的边缘玩耍，但从未掉下悬崖。无论她生活中发生了什么，她都知道父母爱她。她相信他们就在那里，不是在事情搞砸的时候拯救她或者挽救人生，而是理解她的感受。她可以在任何需要的时候分享自己的情感，因为她父母已经告诉她如何做。他们教她自觉独特，但不需要坚持这一点。在诸多课堂，她反复学到的一课，就是如何优雅地失败。

比如当萨拉13岁那年，她头一次感到心碎。一个班上最受欢迎的男孩，在毫无预兆的情况下突然就对她失去了兴趣。她崩溃了。分手当天晚上她母亲保证，坐下来和她谈谈。但是她母亲太专注于工作结果忘了。

"我很伤心，"萨拉解释道，"但我当时脑子里想的不是这个，而是妈妈看起来非常伤心。她不断地道歉，还一边道歉，一边哭。"

萨拉的母亲听她讲了一会儿，然后讲自己工作上的事情让她分神。"那不像是借口，"萨拉解释说，"相反地，我觉得好多了，因为就算是妈妈有时也会让我失望，但这并不是世界末日。"

萨拉的故事就是处于分布谱中间的人的典型案例。她学会如何接受失望，不让这破坏她对爱的信念。她的父母可能犯错，但他们绝不让萨拉觉得她不重要。如果谈话进展不顺，可以重新开始。如果说了不好听的话，可以收回，换一个更友善的词，没人必须第一次就弄对。家里每个人都知道，如果他们伤害了谁，他们总是可以尝试着理解对方的感受，进行弥补。这样一来，不同于处于分布谱左侧或右侧的人，萨拉知道如果她需要依靠别人的帮助、关心或理解，他们就会给她，这让她觉得安心。

有安全感的爱能阻止世界上许多心理威胁。它让人们更容易承认错误并道歉，更自由地分享自己是谁。他们像萨拉一样，知道爱他们的人可以信任，可以接受他们的优点和缺点。这就是有安全感的爱：我们可以安全地依赖于他人的信念。像萨拉父母那样，从孩子很小的时候开始，就努力理解他们的情感体验。他们帮助孩子说出并谈论他

们的感受，比如悲伤、紧张、愤怒或恐惧。他们也说出自
己的情感，就像萨拉母亲做的那样。他们承认自己的错误，
倾听自己造成的伤害，从而教会孩子如何化解情感上受的
伤。这些情感课程的结果是，孩子学会给予、学会接受帮
助与爱。

　　这就是健康自恋的处方：一个有鼓励（但不必需）伟
大梦想与爱和亲近的健康模型的家庭。将这些叠加起来，
你就能发现处于分布谱中心附近的人。萨拉通过互相的关
爱与理解，学会感受自己对他人的重要性。这是处于分布
谱极左或极右的人很少能学到的。

第
六
章

自卑与自恋的终极状态

你遇上一个风度翩翩的人，名叫凯尔。他性格开朗，似乎乐于倾听你的故事，并对你展开追求。你和他相处一年，情况很好，但是他突然因为工作中的一个竞争对手而心神不宁。"那个混蛋。"凯尔这么叫他。他决心要在竞争中打败对手，取得成功。你想要放松一点，凯尔却难以关注除了和他对手近来的摩擦之外的事。你开始觉得孤独，即便你们待在一起。

或者你受人介绍，结识了一个名叫杰西的女人，她似乎是你遇到的最体贴的人。她满足于独处，就像和你在一起时一样高兴。你搬进去和她同居，这样过了三年。在这期间，你发现她好像总能准确地知道你想要什么——但是你却从不确定她想要什么。更令人费解的是，她有时郁郁寡欢，畏畏缩缩，而你却不知道怎么安慰她。你虽然想要帮助她，逗她开心，却不知道如何做。她经常让你觉得茫然不知所措。

这两段关系在外人看来可能还好，但是身在其中，可能就不那么好受了。好像有什么东西不见了，但是你却摸不到。你对自己说："他在经历一段特殊时期。"或者得出结论，"这就是她的性格。"

在很多情况下，这可能没错。但是也有可能，你爱上的人处于自恋分布谱较为温和的区域——一位微自恋者或微自弃者。

与行为极其明显的极端人群不同，微自恋者和微自弃者更难被发现。你更有可能碰上他们——温和的习惯总是比严重的习惯更常见——你可能很容易接近他们，却没有意识到他们身上有什么不对劲。与极端的同类相比，他们的问题并非一成不变，难以纠正。应该说，他们似乎定期走入、走出自负的迟钝和忧伤的沉默。他们有一段时间"和我们在一起"，之后消失不见，然后又回来，若无其事。了解其内在的动态变化有利于你理解这种行为。

微自弃者反射性地关注他人需求

玛丽是我的一位病人，35 岁，是当地一家咖啡店的店员，她大部分时间处在分布谱 3。她的朋友叫她"倾听者"，如果人们需要谈谈问题，她就在他们身边。如果有谁需要帮助，比如搬家，她总是乐意贡献自己的时间。玛丽从不要求任何回报，也从不抱怨花费的精力。

"我本来可以做个治疗师。"她在我们第一次见面就自豪地宣布。

"你的意思是？"我问道。

"我更乐意专注于他人的问题，这样就不会关注自己的了。"她打了个哈欠，似乎一想到自己的困境就让她觉得无聊。

"但是这在最近很难？"

"非常难。"玛丽的工作岌岌可危。房东想要卖了房子，于是催咖啡店老板搬出去。玛丽没想过换份工作，也没想过接下去怎么生活。现在她无从选择。

"我不知道自己想做什么，"她承认说，"我通常能处理这样的不确定性，但是我最近觉得很烦躁。我好像被困住了，十分焦虑。"

没有人，甚至包括她的男友，能够理解她的不安感为何如此严重。她不告诉他们。相反地，用她自己的话来说，她"人间蒸发"，从而度过这段时期。她会消沉地倒在床上，当她的男友询问出了什么问题的时候，她不回答。男友打电话给她，她就直接转到语音信箱。

她的男友觉得既沮丧又困惑，现在威胁要分手。玛丽很崩溃——求他留下来。玛丽最后决定打电话给我。"这一点都不像我！"她抽泣着对我说，"我都不知道想从他那里得到什么，我只想有人陪在身边。"

"是什么让你觉得向你男友和朋友说这个很困难？"我问。

"我不知道，我害怕这会赶走他们，我不想他们觉得我自己解决不了，我不想让他们觉得我需要帮助。"

"但是他们需要你的时候就没问题？"我质疑说。

"规则不一样，"她笑着说，"我解释不了。"

"你的主要规则，"我评论说，"其实就一个：试着不需要任何东西。放弃自己的期望和欲望——要求得更少——会为你赢得别人的信任和关爱。但是你现在需要更多，而你担心自己的人际关系不足以做到。这就是你处于如此困境的原因。你需要暂时的特殊关照，但是你不知道怎么提出要求。"

和玛丽一样的微自弃者，反射性地关注他人的需求，这种无意识的策略避免别人拒绝他们。在他们心中，自己因为要求与担忧占据的"空间"越少，自己就变得越惹人喜爱。在这个范围内的人并不对关注过敏。受到关注是没关系的，只要是因为自己帮了别人的忙——做一个善解人意的伴侣、工作高效的职员或者聚精会神的倾听者。像玛丽这样的人会有良好、亲密的人际关系。唯一能够暗示他们处于厄科领域的，就是他们支持的单向性。旁人总对微自弃者有种感觉，比起他们需要我们，我们更需要他们。他们很乐于处在治疗师的位置，但并非因为这让他们觉得自己高人一等（像共享型自恋者那样），而是因为其转移了他们对自己的需求和期望的注意。他们可能要求很少，比如生日礼物、周年礼品或者更多同伴的关注，但是他们总会详细记录自己要求了多少，总担心自己越过自私的界线。

在一段时期内，他们因朋友和爱人感到开心满足——直到难以抑制自己的需求。当他们在生活中达到某个点，确实想要更多的时候，问题就来了。仅仅做一个倾听者，或者单纯支持别人已经不够了，这就是他们经历困难的时候。

极端自弃者对需求恐慌

极端的自弃者往往不断地压制自己的需求和欲望，而微自弃者只是简单地试图把他们的需求控制在最低限度。请记住，他们最深的恐惧是，过多的需求会赶走自己所爱的人。他们的需求越强，他们就越急于表达自己的需求，他们也就越想隐藏自己。如此一来，他们的自恋程度可能下滑到 1 甚至 0。

想象你的一位时常保持联系的朋友，丢了工作之后却突然不接你的安慰电话。或是一位热心肠的伙伴，在假期期间最想念父母的时候，变得沉默而疏远。或是你的同事，每当你向他保证，他在项目中所犯的错没他想得那么糟，他就立刻缄默不语。这些情况下，他们逃避的可能不是你，而是自己对你的突然需求。

也有另一种矛盾的可能——微自恋者突然变得黏人，悲伤不已。毕竟，摆脱需求的最简单方法就是立刻满足它，不做任何拖延。对于害怕需要别人的任何东西的人来说，对支持、理解，甚至安慰的需求突然加大，这可能让他们感到恐惧，导致他们做出疯狂的举动，让自己好受一些：深夜的电话，连续不断的短信，或者要求比以前更频繁地聚在一起。很容易察觉他们因自己的突然需求而产生的愧疚和不安。在他们要求关注的时候，他们的手扭个不停，就像要把需求从手指头里面挤出来一样。在我们的研究中，正是这个模式解释了自弃者既可能追着别人跑，也可能拒别人于千里之外。在对需求的恐慌中，自弃者很少坦言什么会让他们好受一点。这是因为他们极力回避自己的需求和期望，所以不确定应该要求什么。

一旦危机过去了，他们通常会回到分布谱上原来的位置。但是如果他们的需求急剧增长，而他们再也不能克服对特别关注的恐惧，他们今后可能在自弃的地域里越陷越深。

微自恋者专注于自己的地位

　　雪莉，25 岁，是一家顶尖企业的网页设计师。她和她的同居男友——23 岁的凯文，近来争执得不可调和，于是她来向我咨询。从她在会面刚开始的情绪来看，你根本不知道她有多么烦恼。她笑容灿烂地走进我的办公室，称赞椅子和画作的风格。"这是我目前见过最棒的办公室了！（她曾为治疗师添置家具）我想我找对了地方！"她很快坐到椅子上，滔滔不绝地说。但是她的手紧紧攥着放在大腿上的钱包，生怕有人会抢走似的。这是第一个标志，她的兴高采烈背后可能隐藏着担忧。

　　"凯文完全不理解我在工作中面临的巨大压力。我没时间和他斤斤计较。"她一边说，一边点头，好像在默默地赞同自己。"这就是我来这里的原因。"她紧张地用手指扯动乌黑发亮的发梢。

　　他们的关系一度很融洽。他们在大学里相识，毕业后分开住了两年。"凯文得先完成学校的事情，"她解释道，"住在学校里省钱，对他来说更合理。"

　　"什么时候出了问题？"我问。

　　"四个月前，我一得到这份工作，"她抱怨地说，"但他不想让我做。"

　　一年前，凯文的母亲因为癌症去世了。他知道母亲的病治不好，于是每周末都回家陪她。这使他很难和雪莉或者他的朋友聚在一起。只要雪莉有时间，她就尽量和他待在一起，但是她的工作日程却让这异常困难。更糟的是，凯文母亲去世后，他必须投入到研究生的申请中——他已经因为母亲生病而推迟申请——这留给他的自由时间更少了。雪莉到最后经常都是一个人出去。更糟的是，她经常工作到凌晨，凯文越来越孤单和伤心。这个改变对他们两个来说都很艰难。凯文需要很多东西，而他们又都没准备好。"他是个很自立的人，"她评论说，"但是最近我们一直吵架，因为我没回家。"

他们在大学里的生活就简单多了。那时，雪莉很崇拜他，向朋友和家里人夸奖他的魅力和热情："单单看着他都让人觉得美好。他在人群中总是泰然自若。他就像书上的完美男友——家境好、有教养、又聪明——生来就善于和人打交道。"她停下来，脸上写满不安。"或者他过去如此。"

"现在你很担心？"我问。

"我很害怕。"她第一次很害怕地看了我一眼，她是真的害怕。"他在刚开始那么沉稳，就像我可以依靠的磐石。"

我听得越多，越清楚，他们吵架大多数都是因为凯文想要谈谈除了雪莉工作以外的事情。她说，只要自己走进房门，就开始复述过去的一天，详尽描述事件和对话，证明老板讨厌（中意）她，而同事暗自嫉妒她。几个小时后，她说完了，并宣称没有人，包括凯文在内，能够理解她的工作有多么辛苦。

"看到凯文，你的磐石，消极低沉，你是怎么想的？"我问。

她的双眼霎时充满泪水。"我不知道该怎么办。"她叹口气说，"要是我不把公园的设计做出来，别人就不可能在工作中把我当回事……"她停下来，不确定是否要说完这句话。"一想到会把这搞砸……"她把头埋进手里。"这是我的机会，"她抬起头来，哭了，"他必须理解。"

"也许他现在太孤单了，做不了你的磐石。"我评论说。

"我知道。"她承认说，"但是我需要他。我和公司里其他人包括老板一样能干，管理这个地方的机会是我应得的。"她下巴收紧，表情坚定。"难道他不能帮我证明这一点吗？"

右侧的不健康自恋并不总是可憎的傲慢或者公然的屈尊。相反地，微自恋者往往只是单纯地不善于倾听，一直专注于自己如何做才能比得上别人。因为获胜是让自我感到独特的一条捷径，他们着迷于自己工作中的业绩，或者将自己与在外貌、才能、成就上胜过自己的人进行比较。他们总是查阅脑海中某种想象的记分板。

其实我们偶尔也会这么做，尤其当环境鼓励这样的行为时。举个例子，学校里竞争激烈，我们的名次很容易被追上。但是，当我们在任何指标上的得分——无论是外貌、才能还是乐于助人——成了持续性关注对象，我们就会陷入不健康自恋。在分布谱7至8，外向型自恋者高调地痴迷于脱颖而出，而内向型自恋者则默默计算自己在通向伟大的赛跑中的位置。但无论哪种，当你和他们说话的时候，你都会觉得他们不是在听你说的话，而只是在等你闭嘴，这样他们就可以恢复自己的思路了。然而他们在专注于自觉独特的驱动中忘记了，自恋并不是自觉独特的唯一或最好方法。

雪莉的挣扎通常发生在对自恋产生依赖的人身上，在熬过安全感不足的时期。他们对自觉独特的渴望会很快占据思想，他们并不撒谎、偷窃、作弊或侮辱别人，但是他们的确太着迷于自己在世界中的地位，连站在身旁的人都视而不见。在某段时间内，他们可能魅力十足、无微不至、号召力强、敏感度高，他们身边的人不会感到异样。但是突然之间，自觉独特的驱动力就占据了思想。这正是分布谱上7至8的特征，雪莉和其他微自恋者就处于这个位置。它比处于分布谱上9或10的标志性不健康自恋更为常见，这也是它如此容易溜到我们身边的缘故。

雪莉不单单想在公司里闯出一番名堂。她想要接管整个业务，即便她没有向同事或者凯文明说自己的野心。这在她的内心深处——在一个秘密的储水池里，每当她担心生活不像她所期望的那样，就从中啜饮。而最近，她忧心忡忡。

她花了太多时间思考——并经常谈论——她如何与她的同事比肩，以至于她甚至都没意识到是她离开了凯文，而不是凯文离开她。并不是她晚归导致他们之间出现问题，而是他们在一起的时候，她并没有投入感情。她太过专注于无尽的比拼，试图在工作中证明自己。这就是依赖于自觉独特的标志。像雪莉一样的人，平时徘徊在 7 左右，当困难来袭，自恋程度往往会升高。

这一转变很容易察觉，可以归结为一个词：特权感。这是微自恋者的最显著特征。

我们偶尔需要一点特权感，就像我们偶尔需要自觉独特。在生日的时候，我们觉得有特权会得到更多的的关注。类似地，在生病的时候，我们也许觉得有特权会得到更多的帮助。在我们觉得自己受到不公待遇的时候，健康的特权感甚至可能帮助我们向无理的要求说"不"，从而肯定自己。但是特权感在最极端的情况下，是一种无休止的态度，即认为全世界和身边所有人都应该支持自己。正是这种特权感暴露了微自恋者。

特权感为自恋者解决了一个突出问题。说服自己比其他人强，需要他人的存在，但他们有自己的自由意志。唯一能满足自身高人一等的这项迫切需求的，只能是让他人屈从于我们的意志——要求认同，就像国王命令民众屈膝下跪。极端的特权感把日常交流变成获得自恋快感的机会。一个人对自觉独特越是依赖，他的特权感就越膨胀，以满足他们的需求。只有到后来，当雪莉需要比之前更多的支持时，她的问题才会浮现出来。凯文必须成为她的磐石，需求也从而变成了期望。雪莉觉得自己有特权。

　　微自恋心理的标志是特权感的暴涨。这时候，一个平时善解人意的朋友、伴侣或同事会表现得很生气，就像世界欠他们似的。这通常由一种突然的担心引起，害怕自己的特殊地位在某种意义上受到威胁。在这之前，他们对世界绕着他们转的要求基本没有外露，因为没有受到质疑。雪莉没有要求凯文的支持，甚至没有尝试理解他这些年多么辛苦。在她心中，她理应得到他的全部理解，因为她感到自己距离晋升的梦想如此之近。

　　微自恋者的特权感暴涨，类似于一个平日里开开心心的酒鬼，突然变得暴躁，开始狂饮，清空酒柜，疯狂买酒。你的老板平时和蔼可亲，突然朝你大发雷霆，担心最新的项目（他的创意）会失败——你不知道，他入职的时候就暗自计划坐上总裁的位子。你的爱人在你怀孕后抱怨屋里乱七八糟，觉得自己努力工作，回家的时候理应见到干净的房间。不顾一切支持你的朋友，暗自觉得没人比她更擅于帮助别人，在发现你向另一个人倾吐分手的事情后，变得冷冰冰、气冲冲。你总能感觉到微自恋者拉着你——隐隐觉得你非支持他们不可。但是当他们经历特权感暴涨时，你会觉得自己只不过是他们提高身价的砝码。

对许多微自恋者来说，一旦危机过去，他们就回落到分布谱上不那么以自我为中心的区域。但是如果他们对自己依赖他人的担忧增多——比如频繁分手——他们就会从习惯区来到成瘾区，坚信自己的特殊地位是他们在世界上唯一可以依赖的东西。

极端自恋者特权感增强

如果特权感暴涨没有带来所需要的情感的稳固，它们可能更加频繁地索取，特权感从而升级为剥削。这是从依赖走向成瘾的标志。增强的特权感实为健康和极端自恋之间区别的重要指标之一。事实上，当特权感不断增强，难以抑制，人们会进入疾病的领域，即分布谱 9 附近。

罗杰 48 岁，不久前刚离婚。他违反了他妻子苏珊取得的针对他的限制令。他出现在她办公室，逼她接受一封"解释信"，所以法官裁定他接受治疗。罗杰和我约了一次会面，但显然他无心改变自己。

"你觉得这对监护权的案子有帮助吗？"他眯着眼，

怀疑地问道。他的头发略显凌乱，看起来好几天没梳了。

"如果你愿意自己想想，我保证这没什么大不了的，但是你能不能理解这一点不是我能决定的。"我瞥了自己的写字板一眼，正准备做笔记。

"你是专心听我说话还是在你的小板子上涂画？"他厉声问道。

"抱歉。"我对他突然的怒火有点震惊。他拉了拉自己的长裤，又拍了拍。他的裤子和头发同样凌乱，他细黑框的范思哲 ① 眼镜上，其中一个镜片的右边角有条细小的裂缝。罗杰原来是股票经纪人，目前待业。

"听起来你身上发生了很多事。"我冒昧地问了一句。

他交叉双臂，怒视着我。"我的时间都浪费了。"他抱怨说，"我丢了工作，钱也没了。"他伸进口袋，摸出香烟，但是看到禁止吸烟的标志，又放了回去。

罗杰的恐慌症每天都会发作，让他大汗淋漓。最严重的几次，他连买个东西都不行。才离开公寓没几分钟，他就在路边捂着自己的胸口，害怕地回到车里。

"工作上出了什么事？"我问。

"投资问题。"他咕哝着，一屁股会在椅子上。"这可能发生在任何人身上。"离婚前一年，罗杰和他妻子在

---

① 意大利奢侈品牌。——译者注

他的开销问题上吵得很凶。他买了两辆奔驰 SUV，还不顾妻子反对，买入他觉得会涨的股票。

"苏珊从不承认我在金融方面的天赋，"他又说，"于是我从退休金里抽钱，没告诉她，这让她心灰意冷。"他的妻子在结婚之初就告诉他，她人生中最痛苦的时刻之一，就是童年时由于父亲赌博，输掉了所有积蓄，被迫搬家。她警告过他，如果他在钱的问题上向她撒谎，她就离婚。

"她说我伤了她的心，与这个相比，从外遇中恢复要容易得多。"他那一瞬间看上去很惊慌，"她甚至没看我的解释信。我那时想为我们俩做一件大事。"

"你很确信这会成功。"我评论道。

"这个机会是我应得的，我要抓住。"他一边说，一边露出了怪相。"没人可以把它从我这儿夺走。"

剥削是一种用尽一切必需的手段取得进步或引人注目的模式，包括伤害他人。极端自恋者可能遭受惊人的低潮——愤怒期、悲伤期、恐惧期和羞耻期——直到他们能偷取、索取、借得或窃得自己的下一份关注。如果自觉独特意味着把别人的功劳占为己有，如果他们必须无情地批评别人才能觉得高人一等，即便这意味着把同伴的自尊丢到九霄云外，他们也会这样做。

剥削和特权感紧密相连。如果我真的相信，自己理应作为房间里最聪明、最漂亮或最体贴的人那样被对待，那么我会让其发生。我不会苦等好运或别人的好心，不给我想要的，我就直接拿走。罗杰不等许可，他拿走了家里的钱，因为这是他应得的。"这是我的钱。"他在谈到那个决定的时候这么说，"把它烧了都行，只要我想。"

罗杰似乎也毫不在意自己背着苏珊投资，而对家庭所造成的伤害。他有一套理论。他相信自己能成功，只要他妻子相信他有投资的天赋。如果他必须暂时撒谎，消除她的担忧，获得自己需要的资本，那么他绝对会那么做。他认为，苏珊的问题在于她对他的能力缺乏信心。

当特权感转化为剥削，他人的需求和感受变得越来越不重要。罗杰摒弃了他妻子一旦发现钱少了之后会多么伤心的顾虑。虽然他讨厌承认，但是他的自尊已经因为失业而受损。他变得消沉而焦虑，觉得每个人都抛弃了他。他已经等了太长时间，开始厌恶与苏珊之间的争吵。"我又不是你爸爸。"当她解释自己多么痛苦的时候，他厉声说道。

对于接近分布谱9的人来说，很大程度上，世界存在是为了他们的利益——这也包括了世界上的人。对于在这个阶段的内向型自恋者来说，其他人觉得自己在他们眼中，与其说是人，不如说是他们的垫脚石。我们的存在，仅仅是为了支撑他们的自尊，满足他们无止境的被理解的需求。外向型自恋者则更让我们觉得自己不算人，而是低等可怜的生物——被他们勉强允许存在的小虫子。而共享型自恋者也许让你觉得，如果你看不到他们多么体贴人，你就是房间里最自私的生物。

无论哪种情况，特权感和剥削这种有害的混杂（在研究中称作 EE[①]）使处于 9 或 10 的人完全看不到他人的需求与感受，同理心不复存在。在由自恋人格量表测出的"自恋者"中，EE 指数高的人造成的伤害最多。一旦自恋不得其所，自尊便会垮掉，抑郁症、焦虑症，甚至自杀的概率就会升高。这些自恋者多在治疗中暴露，往往在近乎妄想的伟大幻觉和崩溃性羞耻期之间频繁波动。他们偶尔会自我膨胀，但脆弱性也开始显现。

这个阶段的人已患病，得到一项有争议性的诊断——自恋型人格障碍。你可能在生活中并不会遇到很多患有 NPD[②] 的人。但是，知道这种障碍的症状很重要。和所有的人格障碍一样，这种病很难治疗。患有 NPD 的人群需要专业帮助才能真正调低在分布谱上的分值——而如果他们拒绝接受帮助，改变的概率就非常小。你应该把 NPD 看作是一种全面爆发的瘾，康复是很困难的，如果病人否认这个问题，拒绝帮助，则完全不可能治愈。

和任何心理健康障碍一样，无论是你还是其他人都不

---

① 由特权感（entitlement）和剥削（exploitation）两个词的首字母组成。——译者注
② 即自恋型人格障碍（Narcissistic Personality Disorder）。——译者注

应该判定某人患有 NPD，即便在这本书的帮助下。这需要受过专业训练的心理健康工作者进行评估。关于诊断的详细描述你可以参照 DSM-V [①]，现在这里简单地解释一下。

正如你已知道的，我们偶尔需要自觉独特。但是像罗杰一样患有 NPD 的人，在生活中的每个方面，都强烈需要自己被特殊对待。他们同时也受自恋心理驱动，表现得独特。他们有特权感、有剥削性、没有同理心。他们往往极其傲慢，不愿屈尊于人，但也可能羞怯，充满羞耻感。更常见的是，他们在两种姿态间波动——一天自觉独特，一天自觉无用。

无论何时，他们都要求被关注、崇拜、认同或受特殊关照，因为除了别人对他们的看法外，他们对自己是谁几乎没有什么感觉。他们竭尽全力，保证他们留下的是"好"印象。对于患 NPD 的人来说，其他人不过是镜子，仅仅用于反映他们如此渴望看到的独特的自己。如果这意味着通过比较让其他人看起来很糟糕——比如，在工作中破坏他们的项目——那就顺其自然吧。因为生活就是一场持续不断的竞争，他们通常也会对别人拥有的东西充满嫉妒。他们会让你知道他们的痛苦。

---

① 即《精神疾病诊断与统计手册》第五版。——译者注

精神病患处于危险区域

极端的自恋特权感，并不出人意料，最终挤掉的不仅仅是同理心，还有道德观念。最为冷酷、最没有感情的自恋者可能是精神病患（注意：并非所有的自恋者都是精神病患，虽然大多数精神病患都是自恋者）。精神病患与大多数人相比，缺乏恐惧或忧虑感。最极端的时候，他们看上去完全没有悲伤、焦虑、负罪感或悔恨等情绪。

精神病患视他人为达到目的的手段，其程度远超过自恋者普通的特权感。吹牛的自恋者可能撒谎，自称哈佛毕业生，实际上却是高中辍学生，但这不会导致他去偷窃。然而心理变态的自恋者却会不假思索地挪用公款，只要这对他在任一方面有帮助。在最严重的情况下，心理变态的自恋者看上去非常像科恩伯格所描述的"怪物"：他们几乎不考虑其他人；与自己的过错对质时，他们的愤怒令人胆战心惊。

他们是真正处于自恋分布谱 10 的人。其他人已经不重要，通常的人类情感和规则不再适用。对这些自恋者来说，自觉独特成了存在的唯一理由。他们像海洛因上瘾者一样，随意杀戮，获取快感。摆脱这个级别的自恋瘾几乎不可能。如果有人确实康复了，那只能是因为他们学会了寻求帮助——并持之以恒，历经很多年。如果你看到了危险自恋的迹象，最好的方法，坦白讲，就是跑。

我们中大多数人，有点运气的话，都不会遇上自恋罪犯。我们面对的造成伤害的人更普通：自私的伴侣、酒肉朋友、冷酷的同事。你已经看到，察觉到他们并不总是容易的。毕竟，微自恋者就是这样——症状轻微。在你了解——真正了解——他们之前，你可能没有机会看到他们可能变得多么具有侵犯性、特权感或操控性。那么你怎样才能在伤害到来之前发现麻烦呢？

识别并应对极端自恋者

第

七

章

警惕性征兆，你觉察到了吗？

你现在已经熟悉了自弃心理的动态变化，如果在自己或周围人身上发现它，就要保持警惕。然而与自弃者相比，自恋者往往会给我们造成更多的麻烦——我们对他们的了解也更多——所以我把书的这一部分内容定为识别及应对他们。幸运的是，我给出的许多策略，你都可以拿来应对分布谱任一极端的人。但是，你需要花更多的时间识别自恋者，而识别他们并不总是容易的，即便他们处在分布谱的最右侧。

外向型自恋者尤其善于迷惑我们，让我们倾心——在刚开始是这样。他们可能在公司里晋升很快。他们是聚会中的开心果。如果你和他们约会，他们会接二连三地送你礼物，投来关注。即便是患有 NPD 的人，在他们自我感觉良好的时候，也可能是很好的伙伴。但是研究表明，他们的魅力会消退——有时在数周内，有时在数月或数年内——
而最终特权感与操控性开始显现。

有没有征兆能早点提醒你，你正和自恋者在一起？

有。一个关键性征兆：自恋者隐藏正常的脆弱情感，
包括悲伤、恐惧、孤独和担忧。在所有关系中，我们都会犯错，
伤害到别人。在不太顺利的日子里，因为工作上的问题或
者与孩子之间的口角，我们耐心消磨殆尽，很容易对伴侣
的问题无故发火，比如"你买牛奶了吗？"或者，我们沉
浸在自己的忧心事里，忘记与所爱的人亲吻，甚至问好。
这样的小错误很容易纠正，只要我们说对不起或者承认自
己造成的伤害——有意或无意，而且大部分人冷静下来后
都能做到这一点。但是自恋者往往难以表现出悔改与自责，
因为与任何一种脆弱一样，以这种方式与所爱的人联系，
需要分享不健康自恋企图隐瞒的所有情感，而正是这一点
暴露了自恋者。他们采取数种可以预测的心理策略，隐藏
正常的人类弱点。

本章中详细描述的五项不健康自恋的早期警示性征兆，
可能出现在伴侣身上，也同样可能出现在家庭成员、朋友
及同事身上。事实上，它们在任何一段关系中都可能出现，
尤其当我们对自己的能力、地位或人际关系没有安全感时。
自恋者和其他人的不同之处在于，依赖于自觉独特的人会
持续采用这些策略。与我们在不安时期采取其中一两种行

为策略不同，自恋者往往同时采用所有行为策略。即便是微自恋者，他们的特权感可能要在数年后才爆发，但他们仍会因为过度依赖这些策略而暴露自己。如果你愿意聆听，这些警示性征兆在更危险的行为出现之前，就早早地提醒了你麻烦的存在。详细地考察它们，你就能在生活的每个领域里，对你的自恋雷达进行调试。

马克20岁出头，是一位银行柜员，最近打算攻读研究生。因为和女朋友米娅之间出了问题，他来找我。

"我不知道为什么，"他皱着眉头说，"但是我越来越担心。"他摇了摇头，一脸困惑。"刚开始的时候，什么都很好。米娅想尽可能多地跟我待在一起。在周末的时候，我们观看很多乐队的演出，我连名字都快记不住了。她会拿着票突然出现，或者在演出开始前几小时给我打电话说：'我们又有新乐队可看了。'"他说话的时候两眼放光，享受着回忆，"每周都有新冒险。"

让马克感到自豪的不仅仅是米娅的激情。"她太美了。"第一次见面时他就称赞说。他给我看了一张手机上的照片，他们一起在沙滩上，米娅一头浓密的黑发，几乎垂到她的腰部。"她在头发上要花好几个小时，"他说，"让它看起来恰到好处。"他把电话放在腿上。"我不撒谎，她的外貌吸引我，但这并不是决定性因素。她让我觉得自己很棒。"

"怎么做到的？"

"她叫我'白马王子'！我们躺在床上，她告诉我她觉得自己很幸运，遇到世界上最聪明英俊的人。好像那时我们才认识一个月！"马克靠在椅子上，看着天花板，像在思考自己刚刚说过的话。

"什么让你觉得困扰？"我问。

"我觉得有时候这有点怪。"他坦白说，"我的意思是，这好像没什么根据，我们才刚开始约会。"

回想起来，其他的东西也让马克觉得奇怪。米娅不断地夸奖他，而当他对她喜爱的乐队或电影哪怕只表露出一丝的喜欢，米娅都会连连称赞。"所以我喜欢和你在一起，"她柔声地说，"我们的喜好完全相同！"马克没说出来，米娅最喜欢的乐队上不了他的金曲榜。

"什么让你决定不告诉她？"我问。

"因为这好像不重要。我觉得自己挺喜欢他们的音乐，又何必扫兴。"

然而最近，激情似乎不复存在。和米娅约会，她到得越来越晚。她有各种理由——她得弄头发、她觉得累、她不饿。马克发觉自己越来越频繁地等她。有一次，米娅比约定时间迟到了整整两个小时，她据实解释说："我得看完电影。"马克沮丧地看着她，说自己多么失望，她却打断说："以后别老黏着我。"她笑着吻了他，但是迈克没有因为她表露的爱意而安心。

马克的不安全感显然越来越严重。"要是我说了什么想念她的话，或者问我们之间出了什么问题，她总告诉我，'别担心了，我们总不能一直黏在一起。'"马克挠了挠头，"刚开始的时候，可是她想一直待在一起的。"

"什么时候变了？"

"大概是我开始申请研究生的时候。"马克伤心地解释说，"她总让我看看别的学校。那些都是我已经排除掉的，要么地方太远，要么没做足够的调查。"他皱起眉头。"我记得她说这话的时候，一阵恐惧向我袭来。我看重她的想法。我很担心，因为她暗示我申请名单上的学校有点不自量力。"每次他们谈完未来的事情，他总觉得不安。

"米娅呢？"我问，"她有自己的打算吗？"

据马克说，米娅在自己的职业规划上好像很迷茫。她讨厌自己在高级饭店里服务生的工作，坚信自己的才能在那里是浪费。"我知道我能让自己的生活变得更好，"她生气地对马克说，"那里的每个人都无聊得让我想扯头发！"

米娅一直有攻读英语或创意写作研究生的念头，但她似乎不能说服自己去申请。马克鼓励她向她的文学教授父亲求助，米娅却拒绝了。"别让他担心了。"她咕哝说。争论几次之后，他就放弃了让她打电话回家的念头。她对申请只字不提，直到马克开始自己的申请流程，她又变得感兴趣了。

"我觉得要是你可以的话，我也可以！"她高兴地跟他说。但是她却还没索要任何信息。当马克问起她的计划，她却生气了。"你老是担心，不能放松点吗？"

"我不明白，"马克瘫倒在椅子上。"这就像我在她眼中，原本无所不能，现在却不能自理。她是对的，我在她身边总是很紧张。我如何才能少一些不安全感？"

"其实，"我说，"当务之急是如何让米娅少一些不安全感。她觉得自己太渺小，太迷茫。她不断逼你，这样才觉得自己有分量。"

情感恐惧

对于内心深处极度没有安全感的自恋者来说，人与人之间的交流很可怕。在他们最喜欢的支撑自信的方法中，其中一种就是想象自己完全自给自足，不受别人的行为和感受的影响。所以，当他们因为你的言行而感到不安或受到伤害时，他们不会表现出来。此外，他们会愤怒地指责，而我们在非常沮丧的时候都会这么做。但是自恋者将其与优越感的表现相结合，他们故意指出你的所有缺点。他们弄这些虚张声势的恫吓，主要想掩盖自己受你影响的感受。有些自恋者甚至不承认自己生气了，声称"我又没大喊大叫"，即便他们正在大声怒斥。他们为了避免承认自己的感情，会做到这个地步。

但是情感恐惧也可能安静得多。因为不健康自恋是对任何脆弱情绪的回避，比如悲伤或恐惧，所以自恋者逃避的不仅是自己的情感，也包括其他人的。每当马克谈论自己对申请研究生的担心，米娅似乎会安静下来，或者换个话题。这一部分是因为米娅想起了自己的不安全感，而她不愿分享。他的悲伤触到了她的悲伤，他的恐惧唤醒了她的恐惧。一旦马克谈论未来，米娅脑海里就想起自己没有计划。和许多微自恋者一样，她并不谈论自己的不安，而是霸占对话，激动地谈论他们可以计划去看一个新乐队。

击鼓传"情"

情感恐惧标志着对情绪的深度不安，而击鼓传"情"则是一种摆脱情绪的方式。这是一种更隐秘的投射形式，人们否认自己有某种情绪，宣称那是别人的。比如说，一位朋友可能接连好几天不回你电话，后来慢悠悠找到你，问"你对我有什么不满吗？"因为她拒绝回复你的消息，很有可能她才是生气的一方。但是她并不承认这是她自己的情绪，而是指责你心怀不满。

然而在击鼓传"情"中，人们并不仅仅将自己的情绪和别人的混同起来。他们实际上胁迫你经受他们起初尝试忽略的情绪。这种情况下，配偶可能大叫大嚷，痛斥你"火气总那么大"。他说完后，你可能会觉得生气，即便你在开始时不生气。这就是击鼓传"情"。你的伴侣摆脱了他的怒气，在你身上煽动起来。这就像他说："我不想要这种情绪，来，你拿着。"

米娅觉得自己的未来没有保障，于是在马克身上煽动起担忧。她责问他为什么挑这么难的学校，暗示他选不上。米娅深信自己比马克更能安排自己的生活。换句话说，她觉得自己优越。想想你的朋友，很快评价你的表现，只在批评中夹杂一点点称赞（"不错，但别抱太大希望"）。每当你想做出自己的选择，父母就挑剔（"你为什么那么做？"）。每当你想分享自己的创意，老板就默默盯着你，让你说话打结。听说过这句话吗？"别为了让自己门廊的灯亮些，就砸掉邻居的。"分布谱右侧的人就喜欢砸掉你的灯。

米娅在这个过程中削弱了马克的自信心，这一事实可能从未在她脑海中出现过。处于分布谱第三高位置的人能很快指出他们在朋友和伴侣身上看到的需求，即使他们似乎是在故意挑起这种需求。

秘密控制

另一个警示性征兆是对控制权的持续需求。自恋者通常对请求帮助或公开自己的需求感到不安，这会让他们看到自己依赖于人的事实。因此，他们经常通过谋划，得到自己想要的。这是不用请求就能得到的好方法。

马克想要听一个新乐队的时候，米娅经常列出很多理由不去演唱会——太远、太贵、太迟。但是无论什么时候，她想去看一个刚出道的艺术家的展览，行车距离或票价都不再是问题。很多时候，米娅会事先买好票。通过交流中的小把戏，米娅找到了让事情如愿以偿的方法，而不需要请求。

还有一些其他的例子：每当你定下违反自己惯例的计划时，朋友却总在最后关头打电话来，取消约会。这样的人从不说自己更想做什么事，他们只是控制你所做的计划。每当你说起自己想做的事，另外一些人可能会摇头叹气，或沉默不语，从而把对话拉回到自己的思路上。我知道有些人甚至会操控朋友，事先不打招呼就出现，激动地说服他们丢下一切，加入深夜远行。把他们拉到你决定的冒险里，这么操控别人是多么有趣啊！

微自恋操控的效果是逐步的。慢慢地，你甚至没有意识到，就落入别人的偏好与渴求的轨道中。直到有一天，你醒过来，完全忘了自己想要什么。这更像是一场对你意志的消耗战，而不是对你自由的公然突击。到最后，自恋者得到他想要的，无须请求。

崇拜他人

米娅还表现出不健康自恋的另一个常见习惯——她崇拜马克。事实上，马克并不是受到米娅赞颂的第一个人，也不会是最后一个。在接受我治疗的两个月后，马克发现米娅在和另一个男人约会——他似乎也同样符合她的完美男友的每一项标准。

人们强迫性地崇拜自己的朋友、爱人和老板，这是另一种自觉独特的方式。其中的逻辑是：如果像你这么独特的人都需要我，那么我肯定也相当独特。

如果程度不深的话，这并没有什么问题。健康自恋的一部分就是乐意将朋友与伴侣视为更好的人。通过提升我们关心的人，我们也感到被提升了。这就是为什么，以积极的眼光看待我们的伴侣，是维系婚恋关系幸福的重要因素之一。

但是，忽略人们的缺点和将其完全消灭之间又有所不同。这正是像米娅这样的自恋者所努力做的。他们甚至都不愿考虑你在很多方面是个普通人，因为不完美的人总令人失望。只要在米娅心中，马克不会做错事，她就一直觉得受他照料是安全的。这就根除了依赖于他带来的威胁。

偶像崇拜往往要付出代价，其中最明显的就是缺乏深度联结。仰视某人，刚好到足以保护这段关系的程度，这让我们可以坦然面对失望，并仍然保持亲密。但是，崇拜某人，坚称对方一直是完美的，则会破坏亲密。两人的空间关系可能是垂直的，但仍然存在距离。

举个例子，双方刚约会不到两个星期，米娅就称赞马克了不起，他觉得有点不对劲。马克感觉米娅完全没有看到他，她只看到了她想看到的。马克怀疑，一旦她不把自己看作是完美的将会怎样。这就是偶像崇拜的另一个问题，他们只有一条路可走——向下。

双胞胎幻想

和许多处于分布谱右侧的人一样，米娅似乎总在搜集证据，证明她和马克相像（在他们的关系刚开始的时候）。事实上，她在自己脑子里整理证据并尝试给他灌输同样的想法，以此说明他们就像是同一个人。

这很有趣，就像你找到了知己，想法和爱好完全一致。这有点像照镜子。双胞胎就是我们证实自身的不竭源泉。身边有双胞胎，我就能说自己的想法有道理，自己的愿望很重要，自己的需求需要重视。我不需要特别的天赋或美貌就能脱颖而出，我有一段特别美好的关系，足以让我与众不同。双胞胎幻想也不需要完美的幻觉。我们可以享受——甚至庆祝——我们的缺点和不足，而这仍然能令我们自我感觉良好。

自恋者经常成双，在双胞胎身份这种有毒光环下造成破坏。即便是最微弱的星星，成双成对地出现，似乎也能点亮天空。也许这就是为什么，纠结于自己在世界上的重要性的青少年，往往成对出现，或组成小团体。这会让他们觉得，在一个让他们觉得自己无足轻重的成人世界里，自己是重要的。类似地，年轻的恋人经常凝望着对方的眼睛，惊奇地发现他们正在以同样的方式看待世界。"我们总在同一波段。"他们隔着桌子彼此低语。这意味着，他们总能"理解"对方，即使没有其他人关心。

双胞胎幻想以两种方式回避脆弱感。第一，如果我和你完全相像——我们拥有的是两具身体里的同一个意识——那么所有的恐惧都不复存在。没有差异，就没有失望。我们想要同样的东西，我们以完全相同的方式给予爱、渴望爱。第二，双胞胎幻想有效地避免了依赖于他人的危险。既然我和你对任何东西的看法都相同，我就无须担心你会拒绝满足我的要求。你直接就接受——而我可能都不需要请求。这正是米娅建立与马克的亲密关系方式。她从不质疑自己的重要性。她预先认定这一点，拿着票出现，或者在最后时刻喊他聚在一起。

　　双胞胎效应听上去激动人心，但无法持久。没有两个人能够完全一样，甚至包括同卵双胞胎。一段时间后，差异变得明显，真相就会显现出来。人们如何应对这种转变，就说明他们摆脱不健康自恋的能力。比如米娅，她就不能忍受马克不再像她一样挣扎。他变得稍微自信了一点，更清楚自己的渴望，而这并不总是和她相同。米娅没有以独立个体的身份与马克相处，接受并欣赏他们间的不同，而是先依赖于双胞胎幻想，而当这无法再持续下去时，她就疏远马克。

　　某些关系本身就比其他关系更密切。我们与朋友分享的通常比与老板分享的更多。我们向家人透露的也往往比向同事和邻居透露的更多。任何一种警示性征兆都可能在一段关系的早期出现，但是有些征兆要求达到一定的感情亲密程度才能完全显现。

　　比如说，在家庭里，不健康自恋可能通过任意一种警示性征兆表现出来。隐秘的自恋父母经常有双胞胎幻想。举个例子，曾幻想成为艺术家的母亲可能为她7岁女儿的粗糙画作欢呼雀跃，却忽略甚至鄙视她的足球天分。也有可能，自恋的姐姐认为自己比妹妹更聪明，玩起了击鼓传"情"以加强自己的这一信念，总是质疑妹妹的合理决定（"你确定你想这么干？"）。

　　自恋的朋友也会采取这些策略。你最好的朋友也可能熟练地对你进行秘密控制，破坏你晚上出门的计划。类似地，每当你谈及情感问题，他就可能把话题彻底转移。但是与其他关系相比，双胞胎幻想在朋友关系中最常见。这在青少年和二十出头的成人中是正常的。但是如果你已经30多岁，并且感到与朋友相像的压力，要非常小心。双胞胎关系营造出有力的情感联系，仅次于爱情——而微自恋者经常从这种亲密关系中汲取营养。这在女性中比在男性中更常见，但是男性自恋者偶尔也会"组成双胞胎"。

　　双胞胎关系虽然在工作中少见，但也并非没有。有时候，管理人员发现阿谀奉承的助理总和他穿着相同，举止一致。或者你可能撞见同事给老板"帮忙"，将老板奉为偶像。但是目前，工作中最常见的策略是击鼓传"情"。

　　我们的上司和同事总在寻找觉得自己更有能力的方法。有什么比质疑你的每个行为更能达到目的呢？工作就是执行力，这就给破坏他人的创意和能力提供了很多机会。你的上司或同事可能不停地问你做了什么，或者提出未加考虑的行为建议，失败了却怪罪你。这些行为都不需要对你有所了解，就很容易完成。像狙击手一样，极端自恋者往往更喜欢和目标保持距离。你很少能和他们走得足够近，听听他们的情感经历或完美童年。通常情况下，你只能感受到他们的肆意抨击，但也正是这个暴露了他们。

　　无论他们表现出哪几种征兆，长期拒绝承认自己感受的人会掐灭所有更亲密、真实和互惠的关系的希望。他们太过专注于自身的恐惧或判断，无法接受真诚分享的礼物。

　　这就是不健康自恋对感情的破坏作用。它使人们目光短浅，仅注重自己的重要性，甚至可能爱上自己。走近他们的唯一方法，往往是直截了当地指明他们对你的情感影响。许多人错误地认为，自己指责自恋者或者细数他们的错误就做到了这一点。接近他们并使他们改变，有更为有效的方法。

第
八
章

当改变已不可能，你会坚守还是放手？

　　阿比是一位护理专业的学生，35 岁左右，和一个叫内德的男人已经交往六个月了。她发现了一些困扰她的征兆，就来找我咨询。

　　"刚开始的时候他把我当公主看，"她解释道，眉头紧皱，露出困惑，"每次约会后他都给我打电话聊天，认真听我说的每句话！但是最近，我们聊天的时候，他总是两眼发呆。这一分钟，我跟他讲我妈妈的癌症治疗进展，下一分钟，他就开始自说自话，吹嘘自己工作上的成就，好像我不在房间里一样。"她叉起双手，生气得脸都红了。"昨天我实在受不了了。'你到底在听吗？'我说，'我妈妈病了！'"

　　"然后呢？"我问。

　　"他说我太敏感了——说他在听！"她又生气了，"他这样，我真不知道该怎么办！我发现了你和我谈论的危险信号。但我要么闭上嘴，要么在我想要维护自己的时候吵架。我们应该分手吗？"

阿比面对的大问题，正是很多人在和自恋者打交道的时候试图解决的问题：什么时候应该离开？也许更重要的是，一直留下来是值得的吗？答案取决于状况是否有希望改善。

问题在于，我们都被灌输了自恋者无法改变的观念。这个论点是这样的，既然他们认为自己就是那么完美，他们为什么会尝试改变呢？但是，毫不怀疑地接受这个想法会把我们逼入一个绝望的小角落。如果所有的自恋者都无法拯救，那么想和他们待在一起的人准是疯了。如果我们，上天保佑，真的选择留下，那么我们会尝试做合理的事情，即保护自己。我们陷入沉默，或发泄怒气，或者像阿比一样，两种都试试。但没有一种应对方式能改善关系。

如果我们消极应对，把话咽回去，或步步为营，我们都只是在加强他们的自恋心理。事实上，自弃者和自恋者经常成双结对，发展出对双方都有害的"爱"。自弃者——尤其是非常照顾人、富有同情心的——受自恋者吸引，正是因为与关注自己相比，他们更愿意关注他人。但是这种做法必会产生错误的暗示，它证实了自恋者的看法，即被爱意味着在一段关系中拥有唯一的话语权。

当我们采取了发泄自己的愤怒与不满的方法表达自身，

我们恰好在用自恋抵抗自恋。毕竟，无论我们的本性是如何乐于助人，关爱他人，我们大多数都不会在受到攻击的时候变得无私。事实上，我们在为自己辩解的时候往往没那么慈悲。在这个意义上，愤怒让我们都变成自恋者。当伴侣花上所有时间争论自己的独特，改变就不可能发生。

然而还有一种更有希望的新观点。最近的研究表明，那种"一日自恋，终生自恋"的消极看法并不一定是正确的。如果以更温和的方法接近自恋者，他们中的很多人就会在情绪上缓和下来。当他们获得有安全感的爱，作为回报，也就更有爱心，更负责任。

在一项被巧妙命名为"那喀索斯变形记"的研究中，来自西北大学的伊莱·芬克尔与来自佐治亚大学的基思·坎贝尔和劳拉·巴法迪，三位心理学家决定给实验加入一项惊人的新理念。数十年的研究已证明，自恋者倾向于贬低爱与奉献的价值，与非自恋者相比，他们更频繁地欺骗伴侣，也无意拥有和蔼体贴的伴侣（他们更喜欢花瓶夫、花瓶妻，即能够证明他们的重要性和魅力的伴侣）。但是研究团队很好奇：正确的"提醒物"能让自恋者更有能力去爱、去奉献吗？

研究者招募了平均恋爱时间为一年半的 39 位女性本科生和 37 位男性本科生，测量他们的自恋程度。研究将其随机分为两个小组，让他们坐在闪烁着图片的电脑屏幕面前。一组面前闪烁着一辆车、一棵树和足球运动员，另一组闪烁着辅导学生的老师、抱着婴儿的年轻女子、帮助坐轮椅的老年女性的老年男性。这些图片的闪烁不被察觉——图片在屏幕上仅停留数毫秒，和眨眼差不多快——但是他们能在大脑中留下痕迹，因此会影响我们的情绪与行为。

这种潜意识的灌输结果会是怎样的呢？闪烁环节结束后，研究者让他们在电脑屏幕上出现奉献、专注、信任、关爱和忠诚时，点击"是我"或"不是我"按键，表明他们的感受。随后统计"是我"和"不是我"的数量。

在展示中立性图片的小组里，自恋得分高的人给出的回答和大多数自恋者相同。当被问及他们是否为关爱、专注或忠诚的人时，基本上都是："不是我。"然而，在展示关爱性图片的小组里，自恋得分高的人在所有五项特征上，都非常频繁地点击"是我"。关爱性图片的效果很强大，这些自恋者对伴侣的奉献意识甚至和研究中的非自恋者持平。作者们写道，观看简单的关爱性图片，导致自恋者更有爱心、更有奉献心。

研究队伍想知道这种效果是否也对长期关系中的自恋者有效。为了弄清楚，他们对 78 对平均婚龄超过六年的夫妇进行研究。他们为参与者的自恋程度打分，然后让每个人给伴侣评分，评分项为五项和蔼品质：关爱、慷慨、友善、仁慈和温暖。所有的参与者也给自己对伴侣的奉献度打分。四个月后，研究者跟进，发现认为伴侣擅长展现和蔼品质的自恋者，与研究刚开始相比，认为自己对伴侣更忠诚，因为他们赞同这项，"我想要我们的婚姻持续到永远。"事实上他们在忠诚度的变化超过了非自恋者。认为伴侣在这些品质方面得分低的自恋者并无变化——他们的忠诚度依旧较低。

研究者做了第三项研究，这次的对象是 115 对刚刚同居的情侣，或新近订婚和结婚的夫妇。和之前一样，他们首先测量每个人的自恋程度，六个月后，请每对夫妇讨论一个重要的人生目标，时间持续六分钟——比如，花钱更少、存款更多、体重更轻、肌肉更多、找到更满意的工作。即便对于最健康的夫妇来说，这些话题也很容易带入情感。随后，他们为伴侣打分，测定对方让自己觉得"受关爱和关心""能力强和做事快"或"是个有能力的人"的程度，并询问他们多大程度上同意"在谈话过程中，我觉得自己对我们的关系非常忠诚"这句话。感觉受到伴侣关爱与关心的自恋者，与伴侣仅仅让自己觉得更有能力、竞争力更强的自恋者相比，认为自己更加忠诚。

上述研究都很有前景，但是疑问依然存在：在实验中声称自己更加体贴的自恋者真的更加体贴，还是只是告诉研究者"正确的"答案？为探究这一问题，萨里大学的埃丽卡·赫珀与南安普敦大学的克莱尔·哈特和康斯坦丁·斯蒂基特，三位心理学家进行了一系列实验，试图提升自恋

者的同理心。在其中一项研究中，他们让自恋者观看一段
讲述家暴幸存者经历的视频，并试图让他们理解她的感受
（"想想她经历了什么，并试着从她的角度看待问题"）。
和人们所了解的麻木不同，听到这些提示的自恋者对女人
的遭遇深表同情，这并不是逢场作戏。他们展现了一项不
可能作假的同理心标志——心率加快。另一组自恋者被告
知像平时看电视那样看这段录像，心率没有加快。

目前已有相当数量的研究探讨自恋者能否改变——一
些持续跟踪已婚夫妇，另一些在实验室中记录人们的情感
反应——它们全都得出相同的结论：鼓励自恋者更加体贴
与友善能降低自恋程度。迄今为止，这些研究没有一项跟
踪参与者超过六个月，所以我们并不能确定这些改变是否
持久。但是研究者深信，稳定地以这种方式影响自恋者，
随着时间流逝，最终将降低他们在分布谱上的得分。那么，
你如何鼓励自恋者，向这种更体贴的思维方式努力？你又
该如何回应他们，既不沉默而迷失自己，也不一味指责？
你怎么知道是否还有希望，或者你应该什么时候离开？

要看自恋者能否不再躲藏。

时刻记住，不健康自恋者试图隐藏正常的人类弱点，
尤其是痛苦的感受，如不安全感、悲伤、恐惧、孤单和羞耻感。
如果你的伴侣能够分享其中的一些情感，那么希望还在。
但是，只有当你也愿意分享自己的脆弱感，才能把自恋者

从躲藏处里拉出来。虽然这听上去很简单，但实际上并非如此。我们对展示自己的弱点都有些拘谨，尤其当我们觉得受到威胁。

首先你必须深度挖掘你自己。我们最显眼的情感——表面情感——往往不是最重要的。面对自恋者的心高气傲与麻木不仁，我们感到沮丧或愤怒（或同样麻木），这是保护自己。然而在这些情感之下，是我们通常不愿分享的更深的情感。我们爱的人变得伤人，我们很伤心。我们害怕他们可能离开或背叛我们。当他们发现我们的不足（或宣称他们发现），我们会感到羞愧。但是，我们并不表现出来，而是穿上保护的盔甲。眼泪从我们的双颊流下，但是我们的声音充满愤怒。即便我们隐约地感到自己深受伤害，我们也不断地道歉，在认错背后隐藏自己的痛楚。我们需要脱掉这层保护的盔甲，给别人机会理解——以及回应——我们真正的感觉。正是这样，我们帮助自恋者走出情感的密封舱，走向亲密的关系。

需要提醒的是，你必须保证身体和情感上的安全，才能使用我们将要讨论的技巧。如果你发现了公然操控的征兆——毫无悔意的谎言与欺骗——你对付的可能是心理变态自恋者。这并不一定意味着没有希望——和你的伴侣说清楚仍然是值得的。但是这对你意味着巨大的感情风险，所以你需要注意。向一个仅仅假装改变的人一直敞开心扉是毫无意义的。有些善于操控的自恋者太擅长表演和欺骗，很难知道他们是在真心努力，还是仅仅在误导你。

这就引出了一个明显的问题，但值得指出的一点是：如果你爱的人不愿意承认他们的问题，他们就无法改变，无论他们是酗酒者、嗜赌成性的人，还是极端自恋的人。如果他人无法摆脱对自己的否认，说"我觉得我有麻烦了"，那就放手吧！

另外，以下策略的关注点不是保护你——至少不是直接地保护你，这很重要。这里的目标是寻求双方互相亲密与支持的能力。这要求分享弱点，而非陈述规则。

尝试改变，唤醒同理心

唤醒同理心包含两个方面：说出关系的重要性和表达自己的感受。

说出关系的重要性一般包含做出支持性表述，比如"你对我意义很大""你对我很重要"或"我非常关心你"。像这样的陈述表明某人对我们来说多么独特。这种保证恰是许多自恋者没意识到自己缺乏的。它们促使人们思考这段关系，将关注点从我与你转移到"我们"。更重要的是，它们表明你愿意提供有安全感的爱。

如果你能明确自己真实的感受，试着拿纸笔记下来。慢慢来——记住，我们不会生气或疏远别人，除非我们觉得痛苦。这一步完全是直接描述那种痛苦。如果你仍然觉得生气或者感情麻木，请继续深挖。更深的感情往往是孤独感、无价值感或自卑。

以下是马克的一些唤醒实践：

"米娅，你对我来说就是全世界。当你约会的时候迟到好几个小时，我觉得伤心，觉得自己对你不重要。"

"米娅，你的意见对我来说就是一切。当你说我只能申请更容易通过的学校，我担心你为我考虑得很少。"

以下是你在相似情况下可能对自恋的朋友说的话：

"你是我最好的朋友。当你说我自私，我觉得羞愧，觉得自己在你眼中是个坏人。"

"我把你看作是重要的朋友。所以你好几个星期都不回我电话让我很伤心。"

以下是你可能用在父母身上的唤醒（你可以调整一下，用在兄弟姐妹身上）。

"妈妈，你是我人生中最重要的人之一。所

以当你怀疑我的决定时，我感觉要崩溃，觉得我在你眼里是个失败者。"

"爸爸，你在我的人生中一直都很重要。所以当你什么话都不对我说时，我觉得很伤心，就像我要失去爸爸一样。"

当你在唤醒的时候，请保证你确实在传达真实的情感。而一边尖叫，一边说"我很伤心"则是愤怒的表现。这和你用什么词无关。如果你没有感觉，就别说话。情感必须真实地涌出，对待它们要慢慢来。

唤醒有助于分辨能改变和不能改变的人。你所寻找的是真正的同理心，也就是说，越过你自己的愤怒（或沉默），分享你所挣扎的真实的情感。你的伴侣、朋友或亲属能够把你们的关系，放在他们自觉独特的胁迫性举动前面吗？

如果他们不行，你就需要将他们的自恋视为一种瘾。这种"毒品"已经控制了他们的生活。在他们准备好放弃它之前，你也许应该给他们一些空间。他们很可能需要做很多事，而你可能并不是派上用场的最好人选。其实，你的工作不是成为任何人的治疗师——而是诚实地、清楚地传达你自己的情感。你做完这件事，其实就已经做完所有能做的事。如果你多次尝试唤醒（比如超过数周），仍没有任何缓和的迹象，那么不接受专业的帮助，他们能够改善的机会会很小。

没能积极回应的标志包括：

觉得受到攻击或批评："你为什么对我说这个？"

表露戒心："我就是太忙了，没别的。"

抢夺话语权："我的感受又该怎么办？！"

责备："你太敏感了。"

当对方这么回应的时候，你将成功：

肯定："你也是我最好的朋友，我不想你不高兴。"

澄清："你在我身边伤心多久了？"

道歉："对不起——我不想你觉得你自己是个失败者。"

证实："我知道讽刺让你受伤。"

如果你怀疑自己爱上的是极端自恋者，无论如何，在离去之前先试试恋人疗法。在书后面的参考资料部分你会找到一些很不错的治疗素材。一些自恋者可能——也的确如此——在正确的专业帮助下会好转。如果他们有足够的适应力，承认自己的问题，你就有一搏的机会。但是，如果你已经疲于尝试，也不必苦等。大多数人，如果他们还有一点感觉，在听到富有同理心的唤醒时都会软下心肠。如果他们不能，这说明了他们上瘾的程度很严重。做好准备，恢复的道路漫长而艰难。

有些人告诉我："我觉得说出自己多么伤心或害怕，会很不安全。我担心自己看起来很弱小，他们可能朝我大吼大叫。"如果你觉得不安全，不必用这种方法。而且如果的确如此，你也应该考虑离开（家里人的话，可以限制来往）。前提是相当明确的：我们哪怕只有一丝的机会建立更健康的关系，也必须冒险。但是如果你害怕尝试，这可能意味着这段关系的确不够安全。

我提供这一框架的目的是为你的决定增加明确性。如果你从一个弱者的角度分享自己的情感，而你关心的人责备或贬低你，他们的回应意味着你尝试改变他们的行为是失败的。这是他们不能或不会放弃自己瘾症的标志，他们尚未准备好为爱冒险。但是如果你的确看到希望的迹象——在运用同理心唤醒时，你认识的自恋者似乎软下心肠，那么继续下去。他们不只是在测试改变的能力，也是在鼓励这一举动。如果你所爱的人哪怕有一点点向中心挪动，你也能很快发现。如果不是这样，你也知道自己已经尽力了。

如果你在评级中得分超过 6，那么你现在也有清晰的目标。情况并非无望，无论你怎么想，别人怎么说。但是你必须先从容面对自己的感受，认识自己的瘾：这是逃避，一种试图让自己感觉良好的行为和想法——甚至是幻想——从而不在你的人际关系中承担真正的情感风险。如果你真的想改变，请遵从我在上面为你的朋友和爱人简单说明的步骤。

列出你用以取得独特快感的策略清单。它们是傲慢、吹嘘，还是挖苦？当你觉得"被误解"的时候会生闷气或发火吗？在程度低的范围内，你搞个人崇拜，或击鼓传"情"吗？这些是你的保护措施——每一项都是在逃避弱点。如果你发现自己使用了这些策略，这就是你的线索：你在某种程度上有不安全感。

自问：不安全感的源头是什么？是因为你的伴侣认为你不够好，所以伤心？还是因为你的朋友可能看不起你，所以害怕？最可能的罪魁祸首是某种程度上由卑微感带来的恐惧与羞愧，以及受到拒绝的悲伤与孤独。

无论你是否意识到，这些情感都存在。所有的证据表明，它们是人性的一部分（以防止严重的神经缺陷）。所以，一旦你发现自己又回到自恋的旧习惯，花点时间寻找背后的恐惧、悲伤或羞愧，然后吸一口气，分享这些情感。

记住：怒气和挫败感是表面现象。如果你在和关心你的人说话时，出现这些情感的痕迹，你在冒不必要的风险。这里的目的是检验你能否依赖你关心的人，并使相互扶持与理解成为生活的方式。这就是让长期的自觉独特的需求被真正的关爱与亲密取代。你可以保留自我肯定的大梦想，只是加入一剂健康的同理心，渴望位于分布谱中心的生活。在这里，你不仅真正觉得自己了不起，而且为自己对待别人的方式而自豪。

无论我们如何温柔地接近他们——无论我们如何努力，把自己的愤怒或沉默放在一边——有些自恋者就是不改变。在这种情况下，我们可能只得放弃这段关系。这是一个完全合理的选择，我们也很容易做到。但是在有些情况下，这却办不到。和你的自恋父母切断一切联系可能是困难的。如果你们有孩子的话，和自恋的前夫或前妻不相往来也行不通。你忽略自己的父亲或孩子的父亲——就会付出代价，包括巨大的压力、失去的痛苦，甚至不断升级的法律纠纷。但是继续向一个漠不关心的人敞开心扉又不安全。那么该怎么办呢？

这里是控制的范围，而不是转变。自我保护应该成为你的主要目标。如果可以的话，限制来往，就像你对任何有害关系做的那样。但是你也可能从几种简单的策略和规则中获益。一部分策略我们将在第九章更详细地讨论。但是现在要记住，目标是控制自恋，而不是促进亲密关系。

同时，你也可以试试来往合约。

在来往合约中，你简单明了地规定那个人想要和你见面的前提条件。这个方法设定了规则和界限。

儿子可以这样向他的母亲解释来往合约：

> 我不喜欢你大喊大叫，批评我。如果我听到了，我就走人。我很想见到你，但是我不能按照你的决定待在房子里。

前妻在向她的前夫解释合约时，可以这样说：

> 我们需要认真实施假日里的监护计划。我很高兴明天能够和你谈话，但是如果我受到了指责、非难或其他攻击，我会觉得你不适合谈话，我们就只能晚点再谈。

女性可以向室友这么解释合约：

> 我们需要谈谈清洁问题，并订立进度表。如果谈话又是在罗列我的毛病，这就表示你还没准备好，我们就必须先搁置此事，下次再谈。

来往合约的目的是解释何种行为会导致对话结束。重点在于什么让你遵守约定，而不是什么让你高兴。如果你的这些前提条件得到了满足，那么你就应该像承诺的那样遵守。

相反地，我们可以选择约会对象和伴侣。我们不必苦苦等候。但不幸的是，有时即便我们认为离开是最好的选择，仍会感觉这完全不可能。

即便我们要说再见，也有强大的情感阻碍。你也需要知道如何处理它们。

无法改变，bye-bye 是最好的选择

安娜 32 岁，离异，四个月前开始接受我的咨询，探讨她是否应该和谈了两年的男朋友继续交往。她将男朋友尼尔描述为"自我中心得让人气愤"。当尼尔变得自恋的时候，她做了很好的唤醒工作。

"我知道他有体贴的心。"她抽着鼻子说。她打开钱包，拿出手机，放在腿上，揉了揉眼睛。"我告诉他我真的爱他，但是当他大声说话或指责我的时候，我觉得自己一无是处，"她一边说，一边点屏幕，"他后来给我发了这条短信。"

安娜，我觉得我们不一样，你就是比我更脆弱。

我不会责怪你。事实如此。

她梳掉几根深棕色的头发，低头看自己的挂坠，那是一个小小的金天使——尼尔最早给她的礼物之一。"我觉得我不能继续了。"

我理解安娜的无望。她在过去的几个月里努力尝试，告诉尼尔当他变得爱争执或对她说教时，她多么伤心紧张。不管她多么温柔地接近尼尔，但他好像不能或不愿放开自己的不安全感，而是把这种不安全感丢向她，或者虚张声势，把它藏起来。她知道他担心自己的事业，尤其是当投资银行里正在大规模裁员。但是他拒绝直接谈论自己的担心。

"我试过你说的方法。我甚至告诉他，如果他对自己的工作感到担心，无论如何我都会守护他。"安娜又说。

"后来怎么了？"

"他摆了摆手说：'我不需要同情，我只需要一个更聪明的老板，能看看我做的方案。'"安娜的声音小了下来，她又摸了摸挂坠。"我知道我必须和他一刀两断，我也在试着这么做。但是我一直问自己，如果是我还不够友好怎么办。我也会发脾气，尤其当他像个固执的小孩子那样和我说话的时候。"她生气了，哆嗦起来。

"你生气是正常的。"我说，"你必须保护你自己，而当你试着释放自己的悲伤和恐惧，他却变得高傲和自恋，他没给你什么选择。"

"也许我得少一点怨气。"

　　"或者，"我说，"你之所以自责是因为这是让你觉得尼尔还有希望改变的唯一方法。因为如果不管你怎么样，尼尔都不可能改变，那么就真的完了。这不是个容易面对的现实。所以你告诉你自己，你才是问题，这比接受他不会改变的事实可能更容易。"

　　我们和别人待的时间越长，他们越会变得像我们的一部分。我们往往不把自己看作个体，而是巨大人类关系网中的一个点：我不单单是克雷格或马尔金博士，也是安娜的治疗师、詹妮弗的丈夫、尤金的儿子。我们的身份和我们所爱的人相连。当关系的绳索因为愤怒与痛苦拉长或磨损，我们奋力挺住，部分原因是我们在奋力保存自己的一部分。这样，原来的纽带很快变成链条。

　　当安娜决定她不再见尼尔的时候，她就不再是"尼尔的女朋友"。这只是一系列损失中的一个。他们不再同居，不再一起吃饭。他们必须翻找证明彼此曾是一对恋人的证据——家具和各种小玩意——并决定谁拿走什么。挑出"恋人尼尔与安娜"的共同财产，并重新分配给两个分离的人，这一过程和牙根管治疗一样疼。这就是为什么，与离开相比，我们往往倾向于寻找留下的理由。其中一种颇为隐蔽但害人不浅的方法就是自责。

　　当一段关系不能继续，而离开十分痛苦，自责可能会有用。如果我们相信，一个人伤人感情且麻木不仁，是我们自己的过错，那么这段关系就仍有希望，我们所需要做的就是改善。如果我是问题，那么这段关系幸福与否的决定权就都在我手里。这个解决方法保留了希望，却牺牲了我们的自尊。

这就是安娜在她童年时期做的交易。她的父亲酗酒，经常怒气冲冲。她没有接受自己面对这种情况的无力感，而是认定如果自己更顺从或更体贴，他就会变得和善。对待尼尔，她也用同样的方法找到希望。而现在，这却困住了她。无论她再怎么努力离开，自责都把她推回来。

将你自己从这种自我批评中解放出来的一种方法是，和一种你可能已经害怕，却尚未发现的感受对质：失望。

长期自责的人隐藏自己的失望之情，因为说出来可能会让事情变得更糟。对很多人来说，胆敢告诉家人"这会让我受伤"或"我真希望你去我的朗诵会"，后果非常严重。在安娜家里，有时候她并不觉得受伤，愤怒的吼叫和令人窒息的沉寂早已是家常便饭。即便她仅仅暗示自己不高兴，她的父亲也会让她觉得自己是个负担。他大叫或者生闷气，直到她沉默。对她来说，吞下失望，把父亲的信息记在心里更容易：你才是问题。你要的太多了。

提醒自己：你有权感到失望。如果你分享了自己的需求和感受，却弄跑了那个人，那么你在这段关系里就不可能开心。解决方法不是落到分布谱下段，成为厄科。而是要认识自责的本质：这是一种强烈的恐惧，即担心自己如果要求自己想要的，就会失去爱。这让你困在错误的关系里，对方想让你埋葬自己的需求。认清他们能否给你更多的关心、关注或同理心，唯一的方法就是请他们这么做。如果你因为看不见的东西自责，这就达不到目的。

失望不会威胁亲密的关系，反而会加深它。当你觉得不被重视、孤单、无价值或者渺小时，把话说清楚能让你重新了解自己的需求。这让你和你的爱人或朋友更亲近，也教会他们如何爱你。以下是获取健康失望的简单步骤：

设定健康的界限。如果什么伤害到你，说出来，以便你的伴侣或者朋友知道是他们哪里做得不好。要想尽办法，清楚地分享自己的失望情绪。这是你得到倾听的最好机会。别让别人在你不开心的时候觉得你开心，那是厄科的诡计。如果不这样做，他们可能会继续伤害你。

检视自己是否自责。当令人沮丧的事情发生在你和你的伴侣或朋友之间，要记住，担心失去他们只会让你自责。不要问我做错了什么？要问我觉得失望吗？我害怕说错什么吗？

不要混淆同理心与责任。尝试理解某人为什么感到沮丧是好事，即便他们伤害了你。也许你冷若冰霜，或者吹毛求疵，但是你可以通过诚恳道歉来纠正错误。通过指责处理不满是你同伴的选择。不要为除你自己之外的人的行为负责，那只是另一种自责的方式，而不是感到失望的方式。

几个月后，安娜碰上了另一个问题，即人们在结束与自恋者的关系后经常遇到的：无聊。

"我很享受和新男友在一起的时光，"她畏缩着解释说，"托德很温柔，也有魅力，他是个有趣的人。但是他不像尼尔那样让我有激情。"

"你是什么意思？"我问。

"尼尔很自信，尤其在床上。性爱总像烟花一样。"她笑了，沉浸在回忆里。"别理解错了，我决不会回到过去。但是我一直希望能找到有当时那样化学反应的人。难道乖一点的男人不能让我兴奋吗？"

答案是，可以。但是首先，安娜需要明白是什么让错误的人使她如此兴奋。

在面对和安娜一样的境况时，很多人简单地得出结论，自己神秘而不受控制地被错误的人吸引。一边是像托德一样踏实的人，给予安全感、稳定和长久爱情的希望；另一边是坏坏的男人，给予那么多激情和热情，几乎值得为此忍受他们的缺点。很多像尼尔一样的坏男人都处于分布谱的极右侧。但不只有女人在这个困境中挣扎。我的一位委托人杰夫曾经向我抱怨："为什么疯狂的女人都这么性感？"

一旦你了解到，当爱情最不确定的时候，我们会受到更多吸引，更为激情，这个谜题就说得通了。

浪漫的不确定性使我们兴奋，它可以助长诸如恐惧、发怒、嫉妒一类的情感，所有情绪通过心理学家所说的"唤醒"来增强吸引力。这与性唤起不是一回事。我们可以把它看作伴随紧张情感出现，并穿行于神经系统中的能量震动，强烈唤起并增强自己的吸引力：紧张感刺激人、愤怒感诱惑人、恐惧感撩拨人。不幸的是，对于我们的身体来说，不确定性和任何其他感觉一样，都是激情的源泉。这使我们只能任凭尼尔这样的自恋者摆布。他们只顾自己开心，也给我们带来激情，像过山车一样，让我们不断发问，他到底会不会给我打来电话？

更糟的是，当与更体贴的伴侣寻找更安全的激情时，我们往往是自己的头号敌人。我们让安全的关系变得无聊。弗洛伊德，依照他一贯的风格，也没有遗漏这个问题的普遍性："当这样的男人在爱的时候，就没有欲望；当他们有欲望时，就无法爱。"他这样描写那些男性病人：他们向自己觉得最不需要承诺的女性表达自己内心深处的欲望；他们最强烈的幻想，在和妓女或者情人这样最不实在的关系中活跃起来。如果我们表露自己隐秘、最狂野的欲望，我们的伴侣仍能接受我们吗？还是我们得展现自我善良的一面——安全、可靠、情愿控制自私的性欲？这个矛盾给我们所爱的生活带来严重破坏，逼迫人们寻求最强烈的刺激，不是在爱的关系中，而是在外遇和色情表演中。只有我们开始在自己所爱的人身上冒更多的险，我们才能逃离坏男孩和坏女孩的激情陷阱。首先我们需要掌控自身的激情。有以下几种方法可以做到：

放开。更直接表达你的需求与感受，运用同理心唤醒。这不仅对建立有安全感的亲密关系至关重要，也会让你在约会的时候激情迸发。没什么比分享你是谁，并感到自己被接受更有唤起性。诚实地说出我们想要什么、需要什么，这总是有危险的。由于不确定性本身就具有唤起性，所以它能带来激情。这并不是我们从像尼尔这样的人身上所感到的消极、恐慌的情绪。这是更强大的情绪：有安全感的激情。

拥有你的欲望。性爱无关纯洁，而是关乎想象与自由。它是欲望涌出，即刻行动——坏男孩和坏女孩似乎明白这个道理。相反地，我们很多人太过担心爱人的感受，而把自己的欲望打成结。

在尼尔之前，安娜的性生活相对保守。她享受性爱，但从未感到自由。相反地，尼尔和很多外向的自恋者一样，并不担心安娜怎么看他。一旦有什么东西撩拨他，他就尝试。他从不逼迫她，但他的确在某些惊奇的性爱冒险中给她领路。他的自恋表现为动作的自信，允许安娜以她从未在婚姻中想过的方式行动。但是和那些人一样，安娜担心未驯服的性爱在自己的爱人那里无处容身，于是依赖尼尔将其激发出来。坏男孩和坏女孩的诱惑一部分在于他们给了我们肮脏的空间，而我们仍然相信自己是纯洁的。

我们对自己私下这么说：这不是我、我情不自禁、他很狂野、她真会捣乱、我从没有过这个样子、我从未这么做过。然而，我们在这样做着。到头来，我们追着坏男孩和坏女孩，取回自己一度遗弃的欲望。

我鼓励安娜和托德做更多的尝试。几天后，她发了挑逗短信（她从未给尼尔之外的人发过）。她也更多地主动要求做爱。慢慢地，她建立了自己的冒险和探险意识，找回了原本断绝的欲望。让她高兴的是，托德也放得更开了，她自己也更期待见到他。

问问你自己，有什么我和原先爱人做的事我现在不做了？有什么经历，比如挑逗或调情，是在你追求某人的时候做，而不需要追求的时候不做？你原先的爱人带你接触什么幻想或性体验，你很享受，但不好意思实施？把它们都写下来，享受它们，也把它们看作是你自己的欲望。

试验唤起。记住，任何紧张的感觉都能提升吸引力。新奇——当我们向新体验敞开——已被证明是催情剂。新体验触发多巴胺的释放，这是一种脑部的化学物质，跟激情与快感有关。多巴胺使我们想要更多的激情，不管激情来自人还是药品。我们的伴侣也因此变得让人兴奋。自恋者经常把人拽入冒险（及戏剧性经历），促进多巴胺的分泌（还记得米娅吗？）。学着生成一些你自己的多巴胺，挑战你自己。和约会对象试试新餐馆，或者带他们上舞蹈课。把冒险一点点地带到与漂亮的男人（女人）的约会中去。这是建立有安全感的激情的简便方法。

结束友谊

很多适用于结束一段恋情的方法也适用于结束一段友谊。自责是看清友谊缺陷的巨大障碍，无论这个缺陷是自恋还是任何阻碍健康、相互依赖的因素。告诉自己我们太过敏感或主观，用这来开脱朋友的行为往往容易得多。与伴侣相比，我们对朋友的期待更少。在某些程度上，这让事情更加扑朔迷离。我们并未向他们承诺自己的人生，而被他们抛弃时，我们的精神也不至于崩溃。什么时候，自恋才称得上是一个问题，不再值得为友谊进一步投入了？

你面对朋友有两个选择：要么接受这段关系的本来面目，包括其缺陷；要么结束掉它。第一个选择意味着降低你的期望。你已经接受，不能真正依赖自己的朋友——他只是一起健身的伙伴或者一起喝酒的朋友。这种友谊在有限的范围内可能很有趣，但你必须追问，这为你的生活带来了什么。必须诚实：如果你一定得在困境中找到其他可以依赖的人，他们比你的朋友更可靠、更善解人意，那么你是为谁留下的呢——你自己还是你朋友？

激情也可能是友谊中的一个问题。即便你不像渴望恋人那样渴望朋友，你也会留恋过去的美好时光。在状态最好的时候，外向的自恋者可能真的非常诙谐，让人兴奋，也让人很容易想念他们。但请记住，唤起效应也适用于友谊，你的自恋朋友可能因此变得有趣。你忽略了这些戏剧性的事情，因为你最终去了令人惊艳的新俱乐部或派对。无须放弃这些，但你可以提升自己勇于冒险的能力。寻找唤起的新源泉，这也可能帮助你抵抗和过去的朋友一起出去玩的渴望。你可以留住乐趣，并且将精力集中在更好的朋友身上。

当你意识到伴侣或朋友不健康的自恋让他们看不到自己的行为对你造成了多大的伤害时，这总是一种痛苦的经历。但如果你避免自责，避免无意识地重蹈覆辙，你就能更容易地控制后果。至少那时候你会更清楚，什么时候该留，什么时候该走。

你现在知道，当自恋威胁到你爱与被爱的能力时该怎么做。但是我们的爱人和朋友并非构成我们人生的唯一群体。弗洛伊德写道，心理健康是爱和工作的前提。当你在工作上碰到自恋者会怎么样呢？

第
九
章

行走职场，该忍受时忍受，该离开时离开

简，41岁，是一家小型软件公司的设计师。她在过去一年里向公司请的病假比之前整整九年请的都多。

"是这个新的项目经理，他叫德鲁。"她向我解释，"一想到得见他，我就觉得害怕，做不下去。在休病假的日子里，我心里跟火烧一样。"

德鲁因为在新产品上市方面的成功纪录而被简所在的公司录用。简的总裁对德鲁一个面临危机的项目印象尤其深刻。他在设计上的巧妙突破，把这个新的网站程序从悬崖边上拉了回来。他擅长创新性设计，但更擅长疏远同事。

"领导层忍得了他，"简继续说，"因为他把他们当国王王后供起来。"她端起咖啡，吹着杯口，抿了一口，她的手在抖。"因为他，我愁死了。他驳回我给团队提出

的每一个创意，而大部分时间我坐在那里没话说。"

　　简说当他在场的时候，团队其他成员觉得自己就像废物。他不听取他们的创意，而是盘问他们的创意怎样给公司带来盈利。"别人说话的时候他的眼神里充满蔑视，然后他开始批评。'这达不到预期效果。'他会说，或者'我已经在另一个项目上试过，行不通。'什么都不好，除非是他给出的方案。"

　　"你试过和他谈一谈吗？"我问。

　　"根本没法和他说，"她叹气道，"每次有人想和他抱怨，他都走开。高层都蒙在鼓里，他在他们旁边只会说'是'，所以他们不知道发生了什么。"

　　简遭了不少罪。早上还没开始工作，她的胃就翻腾得令她难受。夜里她睡不着，脑子里回想着最糟的时刻。有一件事更让她受折磨。德鲁在整个团队面前羞辱了她的广告企划和配色方案，称它们"无聊、没有想象力"。但一周之后，他却把她的成果带到了高层会议上，归功于自己。无论她多么努力地把这样的回忆丢到一边，它们都会很快回来。她刚一入睡，脑子又开始转，产生幻觉：一个是她站在德鲁面前，响亮地对他反唇相讥；另一个是她挫其锐气，尖锐地批评他伤害团队士气。

　　"但是我不会做那样的事，相反地，我只是躲着他。"

　　"这有效吗？"

"没什么效果。他批评我不和他交流，说我不把他当自己人看。"她又抿了一口咖啡，手抖得比之前更厉害了。"我感觉没希望了，除了辞职，我还有什么可做的吗？"

"当然有。"我说，"我们先看看能不能让他对你好点。但是如果你不追究他的责任，他就做不到这点。这个意思不是说你当着整个团队的面让他难堪，而是鼓励他对你好点。"

在过去的一年，简看了四次医生，问题接踵而至，这绝不是巧合——流感、喉咙痛、背痛、脖子酸——她的身体需要越来越长的时间恢复，这也并不出人意料。显然，压力已经对她的免疫系统造成影响，她也可能不是唯一遭罪的雇员。

生病天数的增加立刻带来明显的后果。每个人要么工作进度落后，要么必须加倍努力工作，弥补请假同事的任务。不称职的雇员会降低公司的生产力，最终让他背上不适合工作这一骂名。如何解释职场上的无礼和欺凌现象？往往是极端自恋。

不幸的是，目前只有极少研究针对如何处理上述伤害。在其中一项关于应对自恋同事的研究中，人们采用的策略最常见的有五种：忽略、对质、结交、辞职和通知资方。采用通知资方和辞职方式的人似乎对结果表示满意，但是对采用忽略、对质或结交方式的人来说就不是这样了。据称这些策略，完全没用。

事实上，忽略他们的行为——简的做法——往往会造成更多的问题。保持低调可能让自恋的同事或老板更担心自己的表现，这对每个人来说都是坏消息。像德鲁这样的人越是担心搞砸自己的工作，就会变得越傲慢，越欺负人。在职场上也要像与伴侣、朋友相处一样，注意别变成厄科。

对质似乎也不能改善这些情况。批评极端自恋者的行为（"别打断别人！"）或指出他们的错误（"那张幻灯片完全错"）通常会让情况恶化。他们听不进坦诚正确的反馈，相反，他们变得更加生气，更有侵略性，于是原来受到苛待的员工会受到加倍斥责。另外，因为权力差异，正如简和德鲁之间，连坦率的反馈都不可能。对纠正老板的不当行为很少有人会感到自在，更别说是傲慢到令人难以忍受的主管或总裁。

那么简——或我们任何人——应如何直面德鲁这样的人，而不让形势恶化呢？

研究给出的经验是，只有让人们想起关系的重要性时，他们在分布谱上的分数才会下滑。受功利心的强烈驱使，因漠不关心或操控别人而责备他们，他们不会发生改变。只有看到合作与理解的好处时，他们才会改变。你已经看到，长时间利用鼓励关怀的策略会加深微自恋者对伴侣的忠诚度，教导他们想象别人的痛苦，会提升他们的同理心。

许多研究都持续跟踪已婚夫妇。但另外一些研究表明，似乎即便不是亲密关系，自恋者也能够被推向更体贴、更富同情心的方向——而同理心研究只是其中一个例子。在另一项试验中，研究者让自恋者读一篇文章，充满了我们、我们的，并统计代词的数量。这个简单的行动不仅让他们更乐于帮助有需要的人（比如把口袋里的零钱给他们），也让他们对成名不再那么着迷！似乎仅仅是提及关系就能唤醒自恋者大脑负责体贴和关怀的部分，而不是负责名声金钱的部分。

那么我们需要的，就是提醒自恋者他们在人的世界里的位置。重新激活他们受屏蔽的同理心，并点亮他们大脑负责关心和体贴的部分。大多数处于分布谱极端的人根本不习惯为别人着想，对他们来说，向前比相处更为重要，因为他们从未成功体验过建立信任亲密的关系。但是如果他们认为"相处"也能够帮助他们"向前"，他们很可能重新尝试。

换句话说，提醒自恋者相互尊重和照顾的益处，并支持他们达成目标，可能是让他们在分布谱上降低分数的最简单方法。处理职场中的不健康自恋包含两部分：第一，保护你自己，通过设定界限和提出要求实现；第二，刺激自恋者，通过突出体谅、合作与尊敬的好处实现。

在接下来的几页，你会看到六种干预方法。前三种是自我保护，后三种是刺激方法，你可以用来降低自恋者的自恋程度。每一项都是独立的策略，但是你可以（也应该）在可能的情况下结合使用。最好的方法包括保护你自己并且刺激你所应对的人。

但事先有一些提醒：所有的技巧都是基于对处于习惯范围内自恋者的研究。它们对患有 NPD 的人可能无效。有严重障碍的上司和同事可能不会在职很长时间，但是如果你运气够差，在自恋者触底之前碰到他们，你仍然应该试用这些策略，尤其是自我保护策略。把它们看作对改变的希望的评估，就像恋爱关系中的唤醒。

但要记住，当不良行为越过界线，升级为虐待，那么承担责任的是公司，而不是个人。欺凌行为需要系统法律的介入，阻止它不是你的责任，而是你雇主的责任。你会在本章的"向高层求救"部分获得具体帮助的方法。

并非所有的自恋者都是欺凌者，但多数是，而你需要在看到他们的时候将其认出——说得容易，做起来难。欺凌者有时候溜到我们背后，就像抢劫犯在人们放松警惕的时候伏击他们。我们大多数人都不希望在工作中出现粗鲁或不诚实的情况，所以当我们在遇到过分的行为时，自己也不太相信。于是自身就提出否认：他没有真的叫我笨蛋，她真没有因为她的过错而责怪我。我们说服自己，这并未真的发生。

或者，当我们意识到自己受到批评，我们倾向于自责，这和我们在一段不开心的恋爱关系中一样。如：我们太过敏感了，我们只需要更努力地工作、我们真的搞砸了，等等。我们为同事的不良行为找原因，就像屏除父母或恋人的冷酷那样。我们需要他们，我们需要工作、吃饭、付房租、还贷款、养家糊口，我们不能就这么辞职，正如孩子不能随便走出不幸福的家门。

所以我们否认或屏除，希望明天会更好。有时候我们是对的，只是这天或这周不太顺利。但有时候，羞辱和斥责随时间增多，它们成了家常便饭。根据职场欺凌学会的心理学家加里·纳米和露丝·纳米的研究，最常见的欺凌行为包括：

- 把错误怪到其他人头上
- 提出不合理的工作要求
- 批评雇员的能力
- 歪曲搬用公司条例，尤其是惩戒措施
- 暗示雇员工作不保，或直接威胁开除
- 侮辱和羞辱
- 忽略或否认雇员的成绩
- 排斥或忽视雇员

- 大喊大叫或尖叫
- 把创意或工作归功于自己

在工作中，每一项偶尔都会出现。但是如果你频繁地见到很多项，你就需要保护自己。你可以从保留详细记录做起。即使你自恋的老板不是欺凌者，你也应该这么做。

忍受需要自我保护

记录一切

小心记录所有交接和文书工作，证明你制造了产品或想出了创意。逐字记录所有侮辱或羞辱，包括地点、时间和在场人员的姓名。如果你接受主管命令做事，而这没有成功或其实是错误举措，那么保留一份通信副本。对威胁开除也做同样的记录。其实，要对列表上的所有行为都做详细的记录。确保你在外接硬盘上做好相关文件的备份，以防工作中的文件损坏、遭侵入或被偷。同样，要在私人笔记本或家里的电脑上保留你的记录，而不在办公室的电脑上（它是公司财产——公司有权查看上面的任何东西）。

如果你觉得自己受到不公正对待，比如说，同事或上司把你宝贵的创意归功于自己，别揪着他们不放。有可能他们并非有意窃取，只是忘了这个创意是你的，保留他们的脸面。比方说，简重新发送了原来包含她创意的邮件，并附上备注：

"嗯，你可能还记得，这是我提出来的，看下面。我很高兴你做了改进，我们的这个创意让团队印象深刻！你在澄清这个设计的来源时，请给我一份副本。"

注意简在备注里用了"我们"。语言就是一切。即便在文件里，也要尽量采用第一人称复数。即便你在保护自己，也还是有空间可以刺激他们向中心移动。在使用接下来的每一项自我保护措施时，不断尝试提醒自恋者你们的关系。

专注于任务

不要直接质疑不良行为，而是质疑它和成功完成任务之间的关系。

当简温和地纠正德鲁，而他并没有改变自己的方式，她最好的做法是让他专注于当下的任务。比方说，当他一一列举她在报告中的所有错误，比起为自己辩解，她更应该提问，纠正他的方向："你能让我明白这如何让我们离解决方案更进一步吗？你现在有没有什么具体的改进措施可以描述一下？"

保持对任务的专注，其优势在于为不良行为设定界限。这一策略有两个要素：询问——"你能让我明白这如何帮我们解决问题吗？"以及要求——"你想要我做什么？"

注意你的语气。当你觉得自己受抨击，声音很容易变得挖苦或讽刺。试着保持冷静，有必要的话，对着镜子练习。

德鲁对这个方法反应积极。这提醒了他，他会因为过错而失去对任务的关注。

一些例子：

——你的上司质疑你的关于公司公正性的分析报告的质量，接着怀疑你是否有取得工作上成功的"必要条件"。

"你能让我明白这如何能帮助我解决你发现的问题吗？你想要改变什么？"

——你的下属大声抱怨办公室里的责骂文化（虽然你怀疑很可能应该归罪于他）。

"你能让我明白这如何改善我们的工作文化吗？你有没有想到详细的解决方法？"

——你的同事把项目中的所有问题都归到你头上。

"你能让我明白这如何帮助我们推进项目吗？我不确定你想要什么。"

堵住去路

如果你在和工作中的所有人沟通后，觉得无助或沮丧，你可能处于击鼓传"情"的末尾，你需要堵住它。在这一方法中，你鼓励自恋者直接说出他们想要摆脱的不安全感，但是也要以合作者的口吻。

首先回想你自己的感受。这应该能让你了解是什么情绪传递到你身上。你觉得无助？低效？压力大？看看你能不能以你们两个人的名义，指明不良情绪，让上司、同事或下属承认这些感受，或这些感受的某个方面。

比如说，简学会在德鲁变得苛刻的时候推测他的忧心事。有一次，他质疑她对项目的贡献度，因为她不能加班（她有心理治疗的预约）。她说："我明白了，我们在这里的确被看得很紧，你觉得今天尤其如此。是什么让你现在更烦躁？也许我们可以先做最要紧的任务。"值得称道的是，德鲁承认自己很烦躁，这意味着他们至少可以花点时间，谈谈他在某些任务上受到的高层压力。

堵住去路是一项重要的测试。如果对方不承认自己的行为反映了内心的不安全感（不一定这么叫），那么他们可能太过顽固，无法回到分布谱的中心。

以下是在各种情况下如何回应的例子：

——你的上司暗示你的工作达不到标准（但没有明确的例证），你觉得自己是个失败者：

"你今天似乎很担心项目能否成功，你听到了什么让你担心的消息吗？"

——你的下属在受到不好的评价后抱怨工作环境，你觉得自己受到抨击：

"如果你觉得对你的评价不公正，也许我们应该直接说这个？"

——你的同事质疑你对决策的判断，虽然其他包括老板在内的人都觉得不错，现在你质疑自己：

"什么让你现在忧虑重重？什么让你的信心动摇了？"

当然，完全有可能是你的上司或同事经历了一些完全与工作无关的问题——比如说，在婚姻中、家庭里或者生活中你不知情的方面。但是堵住去路至少给他们机会，思考自己的行为如何受到影响。他们甚至可能会谈谈让他们焦躁的东西，而不是羞辱你。

抓取良好行为

大部分人把对质看作犯错者与受害者之间的决战，这一形式更像是惩罚，而不是对话。和大多数惩罚一样，它往往建立在双方关系不平等的基础上——有点像尖叫的父母："回你的房间去，你该反省一下！"它的作用在于宣泄，而非具有实用价值。惩罚使行为暂时停止，但不鼓励新行为。

相反地，更为有效的策略是寻找让对方做出更好行为的时机，并加以突出。刺激自恋者向中心移动，就是关注他们何时能展现合作的能力，对他人感兴趣，或者关心周围人是否开心——简单地说，何时能表现得更有共同意识。

德鲁的野心和受夸赞的欲望频频阻碍他关心别人。但是他有时候也会称赞雇员的工作，问起他们的家庭生活。把握高度自恋者表现良好的时刻，本质是通过赞赏强调这些行为。比方说，简就留意到德鲁在心情不错的时候向她征求对眼下一个决定的意见。在回答之前，她把他的行为和团队的成功联系在一起："德鲁，我很高兴你问我！每次你这么做的时候，我就觉得自己在团队里很重要，这让我想要更努力地工作，帮助我们成功。"

　　这是在让你阿谀奉承吗？不。拍马屁与给予正当的赞赏之间存在区别。你并非对他们的品行表示宽泛的赞同，而是针对他们个别的良好行为。经常献殷勤是绝对不可取的，这只会助长不健康自恋。如果你对高度自恋的上司没什么好话可讲，那么什么都别说。但是如果你看到了上司做出你欣赏的行为，要真诚地表达出来（否则你下次就看不到了）。

　　要提供合适的刺激，就应该注意体现共同意识的行为，并且总是将其与职场的成功相联系：

对老板说：

　　"谢谢反馈，这很棒！听到你说我做得不错，这让我更有工作的动力。"

　　"每当你问起我的境况，我总是很高兴，我获到了继续努力的能量。"

对下属说：

　　"我很高兴听到你和团队里的其他成员能友好合作，这能给你最好的成功机会。"

　　"你真好，问简她妈妈身体怎么样。这些关心虽然简单，但让每个人都觉得更好，有助于提高工作效率。"

对同事说：

　　"谢谢你刚刚在会上对我的支持。当我们像这样一起工作的时候，肯定能给出很好的创意。"

　　"谢谢你在出去买咖啡的时候问我要什么。有你在背后支持我，这让我更有动力在期限内完成工作。"

对比良好与不良行为

对比和抓取基本没什么差别，除非你是在同时描述过去和现在。把不良行为和更具共同意识的行为（如果你成功抓取过）放在一起，能更高效地改善前者。比方说，简在面对德鲁突如其来的"优先事务"时，简单说明了自己的经历：

　　"我很喜欢上周我们一大早就进行汇报（抓取良好行为）的方式。我对我们的团队感觉良好，能把最有创意的想法带入我们的项目。我发觉今天我们没有这么做，显然这对我的精力有一些影响（对比不良行为）。我很想继续我们上周那样的做法。"

注意简频繁使用复数（含共同意识）代词。尝试用集体性口吻说话：运用我们和我们的。只用你或我的人称代词不仅缺乏合作性，还很有可能让对方停留在自恋的思考模式中。如果你还是用了你，把它用到你想要强调的行为上。让高度自恋者自己把握，努力为他人考虑，这不是坏事。

更多的例子：

对老板说：

"上周我们有时间让每个人分享想法，我觉得这是很棒的经历。今天，我们没那么多机会，这让我对项目的信心没那么足。我们能试着像上周那样做吗？"

"我记得在上一个项目里，你冷静地讨论错误，包括我在内的每个人都能更从容地解决问题，但今天我们觉得很紧张。我们怎么样才能回到上周那样，由你帮忙解决问题？"

对下属说：

"上周五，这里的士气高涨，在团队讨论中，每个人都可以谈谈可能的选择，这很好。今天大家的热情似乎冷却了。我们怎么样才能保持先进的、更开放的做法？"

"昨天你的热情让每个人都表现出最好状态，因为你问他们问题，并对他们的回答表现出兴趣。在本周接下来的几天，我们怎么样才能保持这种状态？"

变得自信

这是所有干预方法中最确切的策略。你明确地说出什么是错的，什么需要改变。和大多数建议不同，这在职场中可能并不适合一开始就采用。你这方有很大的情感风险，因为你对自己的感受说得更多。你和同事之间的感情越亲密，这个方法就越合适。但是大部分工作关系都非常形式化，所以表述更深层的感情可能不合时宜。

另外，一些自恋者可能利用你的情感与你作对，羞辱你或者向其他人公开。这当然是虐待行为，但是在有意识操控和施虐成狂的自恋者中间，这并非不常见。你不应该分享情感，直到你清楚地知道那个人落在分布谱何处。基于所有这些原因，我把自信放到最后。你要从列表的上面开始，向下依次采取措施。

要保持自信，你的陈述应该包括"abc"。

——a 代表感动（affect），也就是情感。情感描述可自由使用"我"，比如我觉得不痛快、不舒服、不开心。你也可以用语气更重的词，比如悲伤、担心、害怕，但是因为你和说话的人并不总是处于友谊或者恋爱关系中，用模糊、更为平和的情感词会更好。勇敢地使用它们，其主要目的仅仅是描述你的体验。

——b 代表行为（behavior）。这指的是导致某种情感的体验、交流或动作。比如：当你大声说话，当我听到的只有批评，当你说话很讽刺，当你打断我说话。

——c 代表纠正（correction）。这表示你所寻求的改变。适度的自信总是包含某种请求。你在告诉倾听者，他们需要做什么来改善交流。比如：你说话的声音能小点吗？你能告诉我你想做什么吗？你可以用和善一点的语气吗？

记住，口吻在自信陈述中很重要。如果你把评论像石头一样丢出去，倾听者肯定会生有戒心（而且生气）。试着以柔和的语气说话，就像你在同理心唤醒中做的那样（见第八章）。

简对德鲁使用过一次自信陈述。因为似乎没有其他的刺激方法可以让他明白她的态度。

"德鲁，当我说自己必须得走的时候，你还问我问题，我不喜欢这样。我们可不可以约定，在我告诉你我必须得走的时候，我们就结束对话？"

其他的例子：

对老板说：

"当你在整个团队面前批评我，我整天都不开心。你可以在我们单独谈的时候再给我反馈吗？"

对下属说：

"我对你处理职场压力的方式感到担忧，因为你总是给我发邮件，告诉我所有的问题。从现在开始，我需要你给重要和不重要的信息排一下先后顺序。"

备注：如果你必须向为你工作的人展示你的自信，可以考虑采取行政措施，比如制订绩效计划。但这是不好的信号，暗示你的权威不足以让人安分守己。

这时你可以对同事说:

> "当你对我的建议提出不同意见时,我觉得烦躁。为了团队,我们可以更多地合作吗?"

在你采用这些策略之前设定目标是有帮助的。你的目标无须很宏大,甚至不用很具体——至少不需要马上实现。可以问问你自己:有什么迹象表明我的境况开始好转?是工作的时候更开心?感到更受同事重视?在会上听到自己的建议被采纳?

你在运用上述策略之前,并不需要确定所有的目标。先采取自我保护,这可能帮助你弄清楚最让你困扰的是什么。比方说,简在记录自己的想法之后才意识到,德鲁一直在淡化她所做出的贡献。她意识到,如果德鲁的行为不改变,自己就不能在公司里继续待下去。这一认识帮助她集中精力,让她更加注意德鲁称赞和没有称赞她的时候。"我需要他认同我的工作,"她解释说,"这是我容忍的底线。"

不过一开始,简的总体目标很简单:让工作更舒心。她已经在办公室里有好几个月觉得不安心了。无论其他方面能否改善,改变这一状况是她的首要目标。如果你和她的处境一样,你可能也需要先从一个简单宽泛的目标入手。

你希望在职场上看到什么转变？列出清单。成功的结果可能包括：

- 不再害怕上班
- 生病的次数减少了
- 更有创造力
- 觉得自己更有价值
- 能维护自己
- 情绪方面的安全感（受到不公正的批评或羞辱的可能性更小）

或者，你的标准可以更明确：工作得到认同，更合理的工作要求，或者得到更符合公司规定、更合理的补偿。许多人只想不再受到羞辱，无需忍受大喊大叫。毫无疑问，如果你和简一样考虑过辞职，那么境况可能非常糟糕，而你可能会遭到公然的欺凌。你想要寻找新的出路。

向高层求救

如果没有好转的迹象，也许是时候向主管或人事总监求助了。

但是在此之前，先看看你所保留的文件。到目前为止，它应该已经有很多不良行为的例证了。在回顾这些证据的同时，和其他人交流，并验证事实（"德鲁曾经让你有同样的感觉吗？"）。如果其他的雇员也描述了相似的经历，主管会有更大的可能性去严肃对待你的问题。你甚至也可以询问另一些你信任的同事——尤其是好朋友——看看他们是否愿意加入举报的行列。

但要记住，这一步非常危险。你要非常清楚地知道，在越过你的上级之前，公司对你的抱怨与忧虑的支持程度。

不幸的是，通过官方渠道往往行不通。人事部门把资方和公司的利益摆在首位，有意识或无意识地找到屏除问题的方法。

2008年，在一项非正式的职场欺凌现象研究中，针对"雇主在他们举报之后做了什么"这一问题，询问了400名受访者。最终，得出的结论为：

——1.7% 的雇主进行了公正的调查，并对欺凌者采取惩罚措施，并保护了举报者。

——6.2% 的雇主进行了公正的调查，并对欺凌者采取惩罚措施，没有保护举报者。

——8.7% 的雇主进行了不公正的调查，没有对欺凌者采取惩罚措施。

——31% 的雇主进行了不充分 / 不公正的调查，没有对欺凌者采取惩罚措施，反而对举报者进行了惩罚。

——12.8% 的雇主什么都没做，或者忽略了问题，没有给任何人带来影响，无论是欺凌者还是举报者。

——15.6% 的雇主什么都没做，举报者反而由于举报行为而受到报复。欺凌者依然在职。

——24% 的雇主什么都没对欺凌者做，举报者被开除。

在这些惨淡的数据面前，心理学家加里·纳米和露丝·纳米强烈提醒："不要相信人事部门，因为他们为资方工作，所以他们本身就代表资方利益。"

一些大企业会严肃对待问题。他们可能会提供申诉专员的咨询服务，申诉专员听取抱怨，给出意见，并为公司内部的应对方案提供建议。申诉专员对公司非常了解，对于雇员来说，他们往往是最佳人选，查看文件，评估并协助介入问题。有些专员甚至将自己听到的问题匿名回馈给公司主管。

大多数申诉专员要保证谈话的机密性，和心理医生一样，他们没有书面许可就不能和任何人谈。不过，可以向专员要求一份关于各种限制和隐私条款的书面陈述，这样你就能阅读它们，并提出问题。大多数公司都提供这样的小册子。但要记住，即便是治疗记录，在某些情况下也是可供查阅的（法庭公开）。如果你采取敌对路线，比如说提出诉讼，你可以让申诉记录公开。当你决定该谈论什么的时候，需要考虑这一点。如果你觉得你可能会采取法律措施，那就不要分享自己的心理健康历史（比如抑郁症或焦虑症），除非你不反对这些信息在法庭上受到讨论。

如果考虑起诉公司，你还需要评估公司里的自恋文化程度。罗切斯特理工学院的管理学教授安德鲁·杜布林认为，如果公司"以自我为中心，患有夸大的错觉"，它就是自恋的。仔细注意会议和庆祝活动方面的巨大开销，精心设计的高端办公家具，以及拥有狂热的追逐者的总裁们这些征兆。鼓励自恋，并享受其中的公司不大可能把特权感和剥削行为看作问题，他们甚至可能视之为"对成功的渴望"。

安然公司就是最出名的例子，它一度是华尔街的宠儿，直到 2001 年由于金融欺诈而破产。该公司以其奢华的聚会、豪华的办公室和自负的主管而出名。在破产之时，雇员身无分文，而由上至下的主管们，似乎对他们的困境毫不关心。在鼓励高度自恋习惯的地方，别说受到保护的机会，就连被倾听的机会也微乎其微。

我受不了了！再见！

如果你向更高一级的领导提出诉求，而你的主管或人事部门人员仔细倾听了你的担忧和需求，甚至以你的名义介入，那么你的情况还算不错。你可以与他们合作，并提供有关最新进展的反馈。

　　如果你已经尝试了各个层面的干预，而主管或公司没有回应你的需求，那么你已经做了所有能做的事。你和自恋者的伴侣或朋友的处境差不多，这些自恋者已无法破除瘾症。你的需求不太可能得到满足。公司本身可能已经陷入了上瘾的循环，这意味着自恋者只是更大问题的一个症状。

　　离职与放弃一段关系同样痛苦。在经济困难时期，这简直不可能。但是如果你已经试过让情况好转，却仍然觉得痛苦，选择留下来只能意味着持久的痛苦。这是因为你的幸福已经不在你的手中，而是在公司或者你为之工作的雇主那里。这时，你就该掌握主动权——离职。

促进健康自恋

让孩子更自信，
呵护与监督一个都不能少

　　翠西来找我咨询，是为解决工作上的压力。经过六个月的治疗，我们的话题转向了她 6 岁的儿子汤米。她刚刚收到来自汤米学校的信，她很担忧。

　　"他侮辱别的小孩。"翠西羞怯地解释说。她很不安，两眼盯着我书架上的书，对她要分享的内容感到忧虑。"起初，只是一些小事儿，比如纠正别人的语法。"她笑着说，"想想一个 6 岁的孩子，像个小老师一样评论别人的语法。而且很多时候他都错了，这让情况变得更糟。"她摇了摇头，笑容消失了。她递给我那封信。

　　最近的一起事件是，汤米朝操场上的一个男孩走去，那个男孩比其他孩子年纪小一点，也更安静。汤米说那个男孩的帽子很丑。

"那个男孩哭着跑进教室。"她平静地解释着，"他那顶帽子是他父亲送给他的，几个星期后，他的父亲就去世了。汤米不知道——他怎么可能知道？——但这不是重点。"

"这种情况持续多久了？"

"得有一年了。"她突然靠到椅子上，眯起双眼，聚精会神，连她自己也没有注意到。"我想我们把他送进私立学校是对的。"

汤米很小就展现出天分。3岁的时候，他就会读书，并出口成章；4岁的时候，他就蹲在餐桌旁边做数学题玩，周围都是纸。翠西是律师，她的丈夫伊恩41岁，是一名内科医生。他们想要给他最好的教育，于是把他从公立学校转到私立学校，希望他能得到更多关注。他的新老师夸奖他的外向性格，但有些老师担心他"冲动而做作"。他随口说出傻乎乎的回答，或者大摇大摆到处走，装作自己是"大老板"——这个他发明的角色治愈了癌症，现在正环游世界，解决其他问题。

"他外公因为结肠癌过世，我觉得'大老板'就是他面对外公过世的方式。"翠西解释说，"但是他会变得很爱出风头，我担心这是他的外婆玛格丽特怂恿的。她不停地表扬他在学校里的成绩，并称赞他棒极了。她从不在应该批评的时候批评他，即便他打了妹妹吉尔，也不纠正他。在我的记忆里，我妈妈好像坚信自己不会做错事，现在她想把汤米也弄得像自己那样完美无缺。"

"你告诉她这段时间发生了什么事吗？"我问。

"根本没办法跟她讲。我让她也为其他的事表扬汤米，比如他和吉尔相处得多么好，或者他做事多么努力。但是她不理我——一直如此。讽刺的是，在我和我妹妹的成长过程中，她除了批评我们就没做别的事。"她下巴紧缩，边讲边咬牙切齿。

"我打定主意，不能像我妈妈以前那样批评孩子，但是有时候，我真的很生气，不知道该怎么对付汤米。有一天下午，他羞辱他妹妹差不多四次——他说她的画很蠢。我实在忍不住了，我告诉他除非他道歉，否则就没有玩伴。"她拍了拍腿，叹了口气，紧张起来，"他喜欢受到别人的关注，会过分地表演，也从不害怕说出自己的想法。我不想他丢掉这个优点，但是我怎么样才能确保他不会成为我妈妈那样的自恋狂？"

翠西的担心是正确的。正如我们在第五章里所讨论的，一些孩子表现出不健康自恋的早期征兆——汤米表现出的可不少。比如，他的同学已经厌倦了他夸耀自己先完成作业，并在他们不知道答案的时候冲他们摇手指。汤米的自负让翠西不知所措，这是很多父母都面临的问题。她无法忽视他的不礼貌行为，但是她也不想在他违反规则的时候，一再向他发火。

她想要汤米感到自己受照料、被关爱，同时她想引导他走向正确的方向——分布谱的中心。在那里，创造力、同理心、抱负和自信将会蓬勃发展，但没有自负和侮辱他人。她也不想在这一过程中伤害到他。

翠西的困境也是许多父母面临的。我们知道，早年的经历可以决定孩子是否可以在余生中走上正确的道路。翠西和像她一样的父母都担心自己在培养令人讨厌的自恋者。但是他们没有意识到，自己也有促进孩子健康自恋的能力。那么，激发出最好的自恋，阻碍最坏的自恋，这种有魔力的方法是怎样一种"完美的"养育方式呢？要想明白这点，我们先仔细查看养育方式的基本组成部分。

父母对孩子自恋有怎样的影响？

养育有两项主要因素：亲切度与控制度。亲切度是我们给予孩子的体贴、关爱与照料，控制度是我们给出的指示、监督和引导。孩子同时需要这两项因素，良好的平衡至关重要。其中一项过多或只有其中一项，都会阻碍他们苗壮成长。事实上，两项因素的不同的高低程度组合形成了四种基本的养育方式，每一种对孩子的自恋程度都有不同的影响。

独裁型

独裁型的父母控制度高，经常冷若冰霜，在感情上疏远孩子。独裁型父母注重要求，但对孩子的需求没有灵活的反应。这很容易成为虐待。"控制"距离"残忍"只有一步之遥。

不过，独裁型的养育方式有几种不同的形态，并非公然虐待。冷酷的形态是"虎式培养"，这因法律学者蔡美儿的《虎妈战歌》而得到宣传。根据她的说法，虎式父母控制孩子的起床时间，保证他们成功。他们命令孩子拿到A，阻挠他们见朋友，这样他们就可以努力学习，拿到高分。这种方式没有溺爱，但也不关心孩子的自尊。虎式培养（庆幸的是，这很少）的研究者发现，在这种环境下成长的大多数年轻人闷闷不乐、焦虑不安、情绪消沉、不擅社交。他们的成绩低于平均水平，这很具有讽刺意味。

独裁型养育方式的温和形态是"直升机式培养"，这个词被广泛使用——大部分时候是错误的。有些人认为，直升机式培养是过度参与孩子的生活。比如，每天都和按年纪该上大学的孩子通电话，帮他们选择专业方向，或选定学期论文的课题。根据研究，所有这些都会带来实惠，包括幸福和高分。然而心理学家对直升机式培养的定义更准确，他们将这个术语用于描述一种过度控制和干涉的模式。受到这种方式养育的大学生同意诸如"我妈妈监督我的锻炼计划"和"如果我和室友闹矛盾,我妈妈会介入"一类的陈述。直升机式父母并不冷淡,但是他们不断干涉,对孩子的感受无动于衷。结果和虎式培养差不多:孩子感到痛苦、焦虑、消沉。幸运的是,这种独裁型的养育方式也很少。

在一个独裁式家庭里成长,有点像生活在极权国家,孩子不断被塑造、被控制,被迫屈从于全知而且不允许孩子质疑的父母权威。以这种方式培养出来的孩子,难以对依赖于他人感到心安理得,这使他们有极大危险变成自弃者,或者更可能成为自恋的成人。这一方式把人变成演员。

独裁型的父母

①相信孩子应该被照看,但需求不应该被听到;

②不允许孩子向他们发火;

③有极度严格的稳固(可能不一致)规则;

④不允许孩子质疑他们;

⑤往往只表达很少的亲切。

纵容或溺爱型

采取这种方式的父母很和蔼,控制度低。当翠西觉得非常愤怒的时候——正如在收到儿子学校的来信之后——她落入了纵容或溺爱型养育的陷阱。这一部分是对她自己所受教育的反应。她害怕自己变成像玛格丽特那样的独裁妈妈，在孩子违反规则的时候辱骂他们，拿皮带抽他们，甚至在非常生气的时候，威胁"把他们送人"。翠西花了好几年时间进行心理治疗，以摆脱从她的母亲那里因袭而来的自恋心理。在生气的时候，翠西仍然可能脑子一片空白。当汤米发脾气的时候，她就不管他。

几周之前，她丈夫出差了，于是翠西和孩子们在动物园玩了一整天。汤米很累，但是一回到家，他就到处走来走去，不断向他妹妹发号施令。"你得做作业！"他朝吉尔大叫，又跑进另一个房间，在她的背包里翻来翻去（大概在找她的作业）。"大老板"的一面展露无遗。翠西觉得疲惫，她花了半个小时转移汤米的注意力，最后放弃了。"我上床去了。"她说完就关上了房间门。汤米仍然在吵闹，直到太累闹不动。然后，翠西从房间里出来，把儿子抱到床上，甜甜地给他唱歌，哄他入睡。

我们都能体谅翠西的疲倦，有时候，给自己叫个暂停（一个她选择的方式）是最明智的行为。但是，翠西往往不会在第二天反思这个问题。"我醒来的时候很气愤，"她解释说，"但我想早上有个好心情。"

简单地说，纵容或溺爱型培养就是完全亲切，没有指示。在汤米这个年纪，他需要父母更多的引导，而不是更少。没有这点，他可能相信自己非常独特，不需要遵守任何规矩。我们应该期待孩子长大后，会有更多的自制力，但是即便孩子完全越过界限，纵容或溺爱型的父母也还是坚持自己亲切、毫无指示的方法。这也助长了不健康的自恋。如果像汤米这样的孩子进入青春期后，父母还是纵容他，那就尤其如此。

纵容或溺爱型的父母

①认为孩子应该有时间思考、幻想；

②让孩子为自己做许多决定；

③制定容易遵守的规则，但很少制定；

④难以惩罚孩子；

⑤经常放过不良行为或者为其开脱（"孩子毕竟就是孩子"）。

漠然或疏忽型

这种养育方式既冷酷，又控制度不足。翠西的新邻居莫妮卡，有一个 12 岁大的儿子叫埃里克，他很快就因是街坊里的欺凌者而出名。他挥着棒子，咒骂年幼一点的小孩，弄翻垃圾桶，总是播放吵闹的音乐。

　　莫妮卡是离异的单身母亲，工作时间很长，依赖于保姆照看孩子。但保姆监督不了埃里克，更别说控制他了。莫妮卡会在晚上和周末管孩子，但情况并没有好转。每当别人向她告状，她总是点头微笑说："是的，他当然需要纪律。"但是据周围人所知，她从不提供纪律。翠西看到的两人之间的交流似乎疏远而紧张。"她就站在那里，打着电话，即使埃里克在扯她的袖子。"

　　莫妮卡是漠然或疏忽型养育方式的教科书式例子。鉴于她完全没有投入感情，埃里克走在少年犯罪和极端自恋的路上，也就不足为奇了。

漠然或疏忽型的父母

①让孩子自己处理问题；

②有时候忘了自己对孩子的承诺；

③逼迫孩子独立；

④经常不知道孩子在哪儿；

⑤很少表达爱和关心。

权威型

　　权威型父母将亲切与纪律结合在一起。他们带着爱与关怀，温柔地引导，但是会根据孩子的年龄和需求调整期望和规则。有成效的养育的一部分原因在于，知道什么时候该介入，什么时候该退后。孩子在婴儿期时，什么事情都不能自己做，于是我们为他们做一切。当他们会走路了，我们仍然照顾他们的需求，但是可以后退一点，把保护带放松一点。3 岁小孩可能系不了他的鞋带，但是他可以自己穿裤子。随着他们长大后，我们给他们更多的自由。12 岁的孩子放学回家，发现家里空无一人，他可能不得不给正在上班的父母打电话确认一下——这让孩子和父母都安心。但是同样强制性的命令并不符合一个健康的 16 岁青少年的需求，他正处于发展独立意识的过程中。

随着孩子的成熟，保护带会继续放松。但如果父母发现孩子处于危险之中，它也可以——也应该——重新拉紧。青少年男孩在外面待到凌晨，疯狂参加聚会，喝酒、吸大麻，当然需要紧急而直接的引导——以及宵禁。他可能比他妹妹需要更多的引导，因为他妹妹会在没有人提醒的情况下，恪守晚上 10 点的宵禁。

在正确的时间，将亲切与适当的控制程度结合起来，能让孩子感到安全可靠，并带着健康的自恋，成为一个幸福、成功的成年人。

权威型父母

①尊重孩子的选择，鼓励他们表达情感；

②当孩子行为不正，和他们进行详谈并引导（看年龄）；

③在未来的计划中考虑孩子的喜好；

④相信孩子长大后，即便不在身边，也能举止得当；

⑤调整要求，符合孩子的年龄及感情成熟度；

⑥仔细听取孩子的需求与感受，尝试理解。

通过我们的努力和儿童心理医生的教导，翠西学会了找到关爱与监督之间的建设性平衡，帮助汤米离分布谱中心更近一步。她首先要发展的就是具备权威型父母的必要品质。

成为权威型父母

权威型养育策略共享一个要点：教孩子考虑自己对周围人的影响。纵容或溺爱型培养尽管有充分的亲切，但是无法保证健康自恋，原因就在于它根本没有让孩子考虑其他人。独裁型的父母不断约束和控制孩子，使他们几乎不觉得自己算一个人。健康自恋就是在有主见的同时，仍能倾听他人的意见。这正是权威型培养引导孩子所做的。根据这点，我基于数十年的研究列出了策略清单，帮助你在孩子身上促进健康自恋。

实践坚定的同理心

很多父母把仔细聆听和同理心弄混了。有时候，父母需要不顾孩子的感受，保持立场坚定，坚守自己的规矩。而在孩子觉得伤心、愤怒或害怕的时候，这并不好办。

比方说，汤米在外公去世之后就很怕坐汽车旅行。"我们坐了很久的汽车去佛罗里达的奥兰多，看望他的外公。"翠西解释说，"但是我们没到多久，他就去世了。现在汤米觉得，长途旅行是很危险的。"过去，翠西和家里人经常在周末去农村玩，现在他们几乎不去了。"只要每次我们出门开一个小时的车，汤米就会发脾气。"

翠西和她丈夫花好几个小时——翠西尤其耐心——和儿子谈论他的恐惧。"我问他，'你是不是害怕如果我们去长途旅行，会有人死掉？'汤米点点头，但是我们没法让他再多说些什么。他只是躺在床上，缩成一团，不停抽泣。既然他那么伤心、害怕，为什么还要逼他呢？我妈妈原来就总是逼我，我不想变得和她一样。"

这个观点的问题在于，它假定在孩子沮丧的时候提出要求，就是轻率与自私的。如果父母对孩子的恐惧的反应差不多是："不管你想不想，反正我们要走！"这当然是不对的。但是，如果你在坚持自己计划的同时饱含同理心，事实就并非如此。

翠西学会带着坚定的同理心接近汤米，将自己的倾听天赋与拒绝改变计划相结合。"我知道你很害怕，汤米。"她告诉她儿子，"这么害怕肯定很不好受，但是我知道，如果停下来不做让自己害怕的事情，只会更加害怕。什么能让你旅行的时候觉得安全一点呢？你想带上你的长颈鹿波基吗？"

坚定的同理心就是深深的关怀。在孩子害怕的时候，识别——并且倾听——是很重要的。绕开他们的恐惧，避免进一步的沮丧，只会让他们一辈子都害怕。虽然有时候这种做法很诱人，但我们必须认识到，如果我们这么做，我们就不是真的在照顾孩子，而是在照顾自己。这是通向自恋瘾症的另一条路。

作为父母，我们的职责不仅在于理解孩子，还在于帮助他们成长。汤米认识到，翠西可以让自己更舒心，不仅在某一刻，而且随着他对更久的旅行越来越安心，这种良好感受是持续的。汤米发现，他的需求与感受虽然重要，但是并没有独特到可以践踏他人的需求与感受。这让他靠近分布谱中心。

抓取良好行为

我们每天和孩子生活在一起，同他们有无数的互动，合起来往往有好几个小时。如果详细观察，我们就有非常多的机会抓取到他们的良好行为。当涉及健康自恋，这就意味着要去发现你的孩子需要帮助、表达脆弱的情感、向其他人问好或者道歉等行为。

突出并奖励体贴和关怀的行为，是鼓励孩子做你所期望的行为的最好方法。每次碰上自私和自大的行为就贸然批评，既无必要，也没效果。正如我们所见，研究表明强化任何带有共同意识的想法、感受或行为，可以回调自恋者到分布谱中心的位置。这意味着正面评价那些感人的时刻，比如，当你的孩子亲吻满眼泪花的兄弟姐妹的额头，或者握住担惊受怕的朋友的手——不仅仅是在奖励爱与仁慈，同时这也削弱了特权感，帮助促进健康自恋。

对照行为清单是很有帮助的。翠西给汤米留了一张，上面包括：

——表达称赞之情
——寻求帮助，而不是生气
——道歉
——向妹妹表达支持（"我希望你感觉好点了"）
——说出柔弱的情感，比如悲伤或恐惧

比如有一次，汤米嘲笑妹妹的画之后（"你怎么老是画这些笨花？"），马上发现了自己的错误。"对不起。"他说，"我刚刚挖苦了你。"他向吉尔走去，仔细看着她的画。

"你很棒，汤米！"翠西叫了出来，"你发现自己在挖苦别人，所以你说了对不起！这真的很重要。当你愿意说自己错了，每个人都觉得好受了。你还能说什么，让她更好受呢？"

"我还能说一些好话。"他停下来想了想，"我喜欢这些颜色，我很高兴你画了，这些画让我觉得开心。"

翠西抓住了很多对比汤米行为的机会。如果你还记得，在对比中，你提起一个更好行为的例子，而不是详述表露麻木的时刻。汤米为自己的挖苦道歉后的第二天，他又落入了翠西称之为"打了就跑"的老习惯里。他在老师让他停课后生气地回到家，为了宣泄情绪，他贬低妹妹的拼贴画"看起来乱糟糟的"，然后就走开了。翠西抓住了他，随后运用了对比。

"昨天你向妹妹道歉的时候真棒。她好受多了，而且你们又玩得很开心。你还记得你怎么做到的吗？也许这也能让你好受一些。"

树立脆弱典范

记住，自恋瘾症的解毒剂是公开承认自己的恐惧、悲伤、孤独和其他脆弱感情的能力，并且在分享的时候相信人们能倾听。教会孩子这样做，对培养他们发展健康的亲密关系的能力很重要。没什么比树立楷模的方法更好的了。

翠西活在痛骂汤米的恐惧之中，而当他的行为失去控制的时候，这让她频繁退缩。但是，她学会了说出自己的悲伤与担忧。"汤米，我现在真的很伤心，你竟然这样对待你妹妹，我很担心你。我不知道怎么帮助你，但我会去想你这样伤害别人应该承担什么后果。但是现在，我太伤心了，做不了这个。"

汤米的父亲伊恩也学会说："因为你的行为，我现在觉得很紧张，我担心你再这样下去我真的会生气，你需要暂停一下。"

这些话虽然听上去简单，但是要和孩子多说。它们传达出的信息是：你关心他们，而你的感受也很重要。

设定限度

某些行为，比如打人或者拉别人头发，无论孩子几岁，都应该被明令禁止。但是情感上的冷酷——挖苦、羞辱、说脏话，也应该承担相应后果。对于野蛮和麻木不仁的行为，大多数专家建议暂停——你需要把孩子从当下的境况中拉出来，设定一段暂停时间（按经验来说，每多一岁增加一分钟）。

在使用暂停法和其他方法应对不良行为的诸多书籍中，我最喜欢的一本就是心理学家托马斯·费兰的《魔法1-2-3》。我喜欢的理由是，即便你觉得你快要爆炸了，这个方法用起来也很简单容易。在不良行为第一次出现时，你只是数"1"，平静地，慢慢地，不提高声调。在第二次出现时，你数"2"，方法相同。不一定是相同的行为才让数字增加——可以是任何你不想让孩子做的行为。如果在半个小时之内，孩子拿到了"3"，那么他就得到一记暂停（或者承担另一个后果，依行为而定）。遇见极端的行为，比如打人，你可以直接数"3"。但在使用这个方法之前，确保你解释过这如何进行———一旦开始，就要始终如一。换句话说，这应该是可预测的。

可预测性在亲密关系中至关重要。孩子需要知道为什么你想看到某些行为，而惩罚其他的行为。你不能简单地强加规则和限制，而不解释它们的目的，即便解释的理由可能很简单："我需要确保房子里的每个人都安全，这条规则让这成为可能。"当孩子知道会发生什么，以及为什么发生，他们会觉得更安全。因为周围环境对于他们来说是有意义的——你也一样。

随着孩子长大，限制可能有不同的形式，比如破坏规则的既定后果。对青少年来说，规则可能是晚上 11 点之前回家。而不遵守宵禁的后果可能是一周不许用车。使用什么形式的限制由你决定（关于这些方面的书数不胜数），但是无论你用什么方法，你都应该把限制当作墙——它阻止孩子继续朝错误的方向走，同时也是在保护他们。

当我还是一家精神病治疗单位的首席心理医生时，常常见到这样一种现象：生气的病人正要将自己的威胁升级（"我要丢这把椅子了！"），即便之前已经警告过，情绪的宣泄会让他们进"静默室"，并受到限制。在关了几分钟后，他们通常会平静下来，心情放松了。我把这种感觉告诉了一位病人，他是个高大的男孩子，入院已经有好几个月了。"我在那里觉得安全，"他解释说，"墙壁拥抱着我。"

为我们的孩子设立限制也有同样的效果。当他们发现自己的怒火不被允许伤害别人或他们自己时，他们的世界就会变得更安全，他们觉得被拥抱了。限制是爱的一种形式。

辅导你的孩子

告诉你的孩子该做什么，而不是不该做什么。很多父母依赖于设定限制或禁令，而忽略教会孩子更好的行为。孩子通常不会无端行为不正。很多时候，他们的行为是因为不知道如何处理自己的情感。侵略性便很容易向我们人类袭来，这是一种古老的本能反应，是对语言出现之前的时代的回溯。可能这就是侵略性很强的孩子难以用语言交流的原因。作为父母，我们的职责就是教会他们如何用积极的方式表达情感。不要只让坏行为承担后果，也要花时间解释，如何更好地处理不安的情绪和状况。

当汤米在学校度过伤心的一天，到处走来走去，扮演"大老板"的角色时，翠西会把他带到一边，温柔地引导他："汤米，我知道你今天在学校不好过，一定想放松一下。当你说出，'我对今天发生的事情很伤心或者很生气'，这是有帮助的。不要对你的妹妹呼来唤去了，你可以告诉我你的感受吗？"

年幼的孩子需要接受辅导，去培养同理心，从而说出自己的感受。这不是自然而然就发生的事情。他们需要多次听见关于情感的语言，才能听进去并理解。辅导他们的一个简单方法是，说出你自己的感受，并且把它和你的行为联系起来。例如，"我觉得伤心，因为海伦阿姨的猫——佩珀死掉了，所以我都没说话。"

另一个方法是帮助青少年说出他们自己的感受。这可以在他们感到沮丧的时候使用。试着给出几项感受，问问他们哪项最能描述他们的心情：你觉得伤心、害怕还是生气？或者你可以选择开心的时刻，比如说，他们在阅读最喜欢的书，探索喜欢的角色的感受和动机时。在汤米很喜欢的一个童话故事里，有一个男孩，总是对他最好的朋友发火。翠西问："你觉得他的心情是怎么样？你以前有过吗？你觉得什么能让他好受一点？"

在辅导中，你要明确，做出的任何要求都要与你孩子的年龄和成熟度相适应。翠西发现，向汤米的心理医生咨询一个 6 岁的孩子在情感方面有多大程度的理解力，是很有帮助的。一旦她了解到汤米落后于同龄人，她就会加大力度教导他如何管理自己的情绪。

亲切，但要尊重

当你在忙着养育的同时，别忘了享受和孩子在一起的时光，抱抱他们，亲亲他们。一周至少有一次蜷在椅子上给他们念书。这就是亲切养育。他们长大一点后，也要继续向他们表达爱意，但前提是他们喜欢这样。这应该是邀请，而不是期望。

在我的双胞胎女儿大概 3 岁的时候，总会在门口激动地迎接我。"爸爸，爸爸！"她们叫起来，跑到门口，拥抱、亲吻我。我每天都期待这样的问候。有一天，我开了门，听见了早已习惯的疯了一样的吵闹声。但是进去之后，意想不到的事情发生了。女儿阿妮娅只是站在那里，眨着眼睛，她的脸上露出一丝浅笑。

"没有抱抱？"我问。

"不要，不要。"她摇着头说。她的妹妹德温则在她背后跳来跳去，很想跟我问好。

"亲一个怎么样？"我把脸颊转向她的一侧。

"不要，不要。"阿妮娅又摇着头说。在这个时候，我都是凭直觉行动。我觉得这个时刻很重要，但我不知道为什么。

"击个掌怎么样？"我笑着说。阿妮娅看了看旁边，好像在思索，过了一会儿，高兴地叫起来。

"耶！"她叫着跳起来，与我击掌。德温正站在她背后，冲上来，像平常一样给了我拥抱和亲吻。

后来我才发现，阿妮娅在以她自己的方式去探索和我接触的新方式，并且测试我的反应。当她拒绝的时候，我却坚持要拥抱，她会生气或者伤心吗？还是说我会接受她全新的接触方法？阿妮娅没有意识到这些，她的做法——对独立性的实验——是无意识的。但是对我来说，这个时刻是一个有力的信号。

孩子在成长过程中，需要我们守护，但也需要空间来成为他们自己。他们需要测度自己和所爱的人之间的空间。

有时候他们想要拥抱，这要求我们站得近，抱住他们。另一些时候，他们想要更多的空间——几英尺外的击掌。如果我们生硬地坚持要他们用同一种方式爱我们，那么他们就会履行责任，给出拥抱、亲吻、击掌或任何我们要求的事情。但是他们也会因此担心，他们只有在顺从我们的时候，在我们眼中才是独特的。简单地说，他们将学会如何让我们觉得他们是独特的，这是最能促进自恋上瘾的办法了。如果孩子觉得能让我们高兴，他们真的会深深地弯下腰。他们如此需要爱。

如果你的孩子需要身体上的距离，就离他们远些（只要他们觉得安全），但要告诉他们，当他们想要靠近你时，你就在那里。如果他们不想要拥抱，就让他们以自己的方式问候你。如果他们不想说话，就告诉他们，当他们想说的时候，你就在这里。如果他们想回自己的房间，就让他们回去，等到他们准备好的时候再邀请他们出来。如果你的孩子需要空间，一定要坚持尊重他们，不要强迫他们开门，待在那里就好。

修复榜样：运用"重做"

我经常告诉接受心理治疗的夫妇："你不可能靠得太近而不踩到对方的脚。"我们不可避免地会伤害到所爱的人。基于这点，与我们的孩子——或任何人建立幸福关系的关键不在于做完美的人，而在于当我们搞砸了的时候，有勇气承认。这就是修复工作，对于发展健康自恋至关重要。

修复工作意味着你总有"重做"的机会。什么是重做？有一天，伊恩在花园里干活，他在修洒水系统，这时汤米从学校回来了。伊恩很心烦，又忙着修理，于是咕哝着说："嗨，汤米。"随后就挥手让他进屋子了。

"后来，我觉得很糟。"伊恩告诉我，"我意识到这正是错误的行为榜样。所以我一进屋子，就对他道了歉。"

"怎么做的？"我问。

"我告诉他，'我很抱歉，汤米。我没有高兴地和你打招呼，因为我刚刚正忙着自己的事情，这可能让你觉得不舒服。所以我再来一次：嗨，汤米！欢迎回家。'我边说边用力地抱了他一下。"

这就是重做。你承认错误，并重新做一遍。如果你教会孩子如何这么做，他们就会认识到，错误也是亲密的一部分。修复和爱分不开。

志愿活动

除了获取高分和赢得体育奖杯，志愿活动还可以通过其他方式让年轻人自我感觉良好，从而促进健康自恋。帮助无家可归的人，照顾生病的动物，为除了自己和自己家庭之外的团体付出，这样会让人更开心。奉献让每个人都忙起来。

如果你想要自己的孩子以健康的方式让自我感觉良好，那就和他们花点时间做些慈善工作。让年幼的孩子翻找他们的玩具盒和衣柜，拿出他们准备捐赠的玩具和衣服；带年长的孩子去流动厨房①或流浪所，帮忙分发食物或给小孩讲故事。并和他们谈谈这些体验，询问他们无家可归是什么感觉，鼓励他们听听见到的人的故事，让他们看看自己平时生活之外的世界。

翠西、汤米和她家里人最有成效的一次经历，就是一起把圣诞饼干带给流浪所的孩子们。

"汤米一开始好像有点迷惑。"翠西说，"他问我他们是不是真的住在那里。我说：'是啊，宝贝。'"

汤米遇见6岁的曼迪之后才稍微适应了一点，她和妈妈住在流浪所有几个星期了。两个孩子坐在角落，汤米连珠炮似的向曼迪发问。"那个时候曼迪哭了起来。"翠西继续说，"她告诉汤米她爸爸'刻薄'——她是在说家暴——所以她们必须离开家。曼迪很伤心，因为她想念自己的房子和朋友。"

---

① 为穷人免费提供食物的地方，又译"施食处"。——译者注

195

翠西按了按眼睛，抽着鼻子说："后来在车里，汤米说刻薄是不好的，因为这把别人的东西抢走了。"

这就是帮助别人产生的力量。即便对于孩子来说，这也促使了他们从其他人的角度看待世界。他们认识到，联结和关爱是多么重要，不仅在自己家里，在世界上的其他地方也同样如此。这几乎是保证生活在分布谱中心的最好方法。

当然，父母不是唯一对孩子产生影响的。多亏了数字媒体，我们来到了美丽新世界，遍地都是占据舞台中心的机会，其规模史无前例。目前，我们听到了不好的预言，说社交媒体，简称 SoMe[①]，是即将到来的自恋大毁灭的前兆。这引出了一个问题：我们有没有办法在数字时代，促进健康自恋？

---

① 字面意思为"如此唯我"，显然带有批评意味。——译者注

第
十
一
章

世界这么大，真正的朋友在哪儿？

"啊，你一定得上脸书和推特。"我的朋友本，端着咖啡朝我叫道。他一谈起社交媒体，说话就变得大声。"这是给自己增加听众的最好方法了！"本使用推特和脸书很多年，SoMe 经验丰富。他帮我创建账号，解释使用方法。

"你写了一篇文章之后，"他继续说，"就可以放到脸书的粉丝墙上面，推给关注者，他们就可以互相分享了。"他喝了一小口咖啡，用一个手指拍着电脑屏幕。"看，我的东西已经受到四次转推了！"我茫然地看着屏幕。"就是说人们把你的推文发给所有他们的关注者。"看到我迷惑的表情，他加了一句。

后来，我缩在电脑旁边，设置我的粉丝墙，弄出了两个线上身份：一个是"克雷格·马尔金"，这个家伙为自己双胞胎女儿创造的新词（"阿拉克达克提克"，她们告诉我，这是晴朗的意思）感到自豪；另一个是"克雷格·马尔金博士"，作家，刚刚和他的"粉丝"（决定阅读我最新的博文和信息的读者与朋友）分享了一篇如何克服嫉妒的文章。同时，我在两个方面感到失望，我的个人更新和别人相比，才收获了几条可怜的评论。再看我的职业页面，我得到的关注也少得可怜。

　　我看着自己的脸书订阅内容，新奇感与恐惧感并存。大多数动态甚至都算不上新闻，它们只是日常生活中的碎片。"躺在沙发上，看着崭新的大屏幕。"一个朋友写道，这条得到了 15 个赞。"今天早上，孩子们第一次打雪仗。"另一个写道，这条消息得到 10 个赞和 1 条评论。"巨人队真烂！"不高兴的橄榄球迷写道，这条状态收获了足足 86 个赞和 40 多条评论。

　　在这个时候，我尚不能明白脸书的吸引力。我只知道，比起我的任何一条动态，包括我最新的文章，"巨人队真烂！"能有这么多赞和评论，说明这在我的朋友和粉丝中是个更受欢迎的话题。我不能解释其中原因，这让我心烦。SoMe 是个陌生的新世界，我只知道我想要它以某种方式认可我，但并没有。

　　我的推特订阅内容也好不到哪里去。这些动态限制在 140 个字母内，偶尔有真实的信息（演员或者作家的下一

个公开活动），或者为崇高的目的服务（为一项事业争取
支持），但大多数似乎都只是平淡无奇的感叹。名人为自
己"最喜欢的"产品发推文，其实往往是报酬丰厚的广告。
可惜的是，人们却经常把这些当作真的，这些推文收获数
百条回复也并非罕见。如果名人没有回聊，又会带来另一
轮恳求的推文。"@贾斯汀·汀布莱克——请关注我！""@
泰勒·斯威夫特 请回复！！"

的确，无论我查看社交媒体的哪个角落，每个人似乎
都在努力想要得到关注。我们处于社交媒体的哪一方并不
重要——不管我们是发布者还是关注者，我们都希望获得
认同，无论是因为我们的才能、相貌，还是因为其他任何
东西。

我很快意识到，社交媒体是个舞台，人们寻求各种各
样的关注，它有如此大的力量，所以它才能吸引我们。在
社交媒体上，我们可以走到虚拟的聚光灯下，分享（或编造）
我们的"故事"，无论是大的还是小的。我们可以接近名人，
希望他们"看到"自己。我们甚至可以发展"粉丝"基地，
他们喜欢听我们说的话。在我们的状态更新被人看见的那
几秒、那几分、那几天里，我们觉得自己是重要的。有什
么人，在什么地方，想着我们，这让我们自觉独特。社交
媒体助长了我们的自恋。

在接下来的一个月里，我变得对自己在社交媒体世界

中的地位越来越着迷。当我得到"赞"的数量增加，我觉得浑身舒畅。当这个数字不动，我就觉得不安，就像整个宇宙都发现了我的不足。当其他人的状态得到更多关注，我失望地抱怨，甚至嫉妒得脸都红了。我苦思冥想，我该在什么时候发布什么内容，这经常花费我好几个小时去写一条消息。

那年春天，我本可以减少对脸书或推特的关注。而现在，我突然无法停止查看自己的数字。社交媒体让我自觉独特，这很快成了瘾症。我知道自己必须找到回归自恋分布谱中心的方法，于是在一年中我投入很多精力去寻找。

我从哪里开始？从回答一个迫切的问题开始：社交媒体上的自恋可以是健康的吗？

SoMe 有这么坏？

我在寻找答案的时候，很快就发现自己漂荡在矛盾的海洋中。一项研究刚宣布社交媒体摧毁我们的自尊，另一项就说它增强自尊。有些研究得出结论，它只是拓展我们的社交生活，让我们与我们所爱的人联系更方便了。另一些研究却说，社交媒体让孤单的人更加孤立，或者把用户变成了易怒的自恋者。

那么我们能明确的是什么呢？

一件事。断定社交媒体的所有形式及使用有相同的效果，这是错误的。

不同的平台鼓励不同的行为。有些平台更容易关注外貌或名声，有些平台鼓励对话，而另一些则围绕共同的兴趣——比如说，通过声破天（Spotify）分享你最喜爱的音乐，或通过品趣志（Pinterest）分享你喜欢的图片和文章。我很快发现，这些分享网站虽然简单，却仍然能提供与朋友联系的机会。

有一天，我正在声破天上浏览新音乐列表。在滚动屏幕右侧的时候，我发现我朋友在听一首歌。我欣赏他在很多方面的品位，于是开始听他分享的歌曲。我刚听了第一首，就彻底被迷住了——那首歌灵活地融合了蓝草与爵士风格。我的朋友当然很高兴。我们因此互发了信息，谈论我们最喜欢的歌曲。我们都觉得很高兴，我们的品位和我们的友谊，受到了肯定。

当我们遇到像我和我朋友这样的时刻时，就很难看到在社交媒体上展示自己的坏处。但是，看见某人的播放列表，远不及在以档案为基础的平台上进行的交流，比如脸书和Google+。在那上面，你可以看到朋友生活的全貌，跨度为几天甚至几年，并且可以对你所看到的内容进行评论。这和微型博客网站，比如推特或汤博乐，大不相同。在那上面，如果你和其他人交谈，谈话通常都是在短时间内进行的（微型博客的主人有时候接连几个月分享图片和文章，但没有和"关注"他们的人说过一个字）。

所有的社交媒体平台都有自己的习俗和规则，它们每个看起来都非常不同。你使用它们的时候，感觉也不同。这就是为什么我们不应把它们看作工具，而应该把它们看作"独立王国"或文化。脸书或推特是否会造成自恋或不开心，这就像在问，住在俄罗斯或冰岛是否会导致孤单或癌症一样。这取决于你在每个国家的哪里度过时光，当然也取决于你在那里的时候做什么。认识到这点，弄清楚社交媒体如何及为何提高或降低我们在自恋分布谱上的分数，就容易多了。

太精彩！看看我，看看你！

基于我们对线下的人类行为的了解，任何带领我们脱离真实关系的事情都可能助长自恋瘾症。这在数字世界中也是对的。隐藏自己的弱点，用空虚的表演换取真正的分享，这太容易了——而这把人们推向自恋分布谱的两端。

佐治亚大学的布里塔尼·金泰尔和圣迭戈州立大学的琼·图恩吉，两位心理学家设计了一项针对聚友网的实验。人们经常在这个网站上吹嘘自己的美貌或社会地位，发布具有挑逗意味的图片。研究者的目标是，弄清楚这种涂脂抹粉、装腔作势的行为是否会增加自恋程度。

研究团队随机将 20 名男性和 58 名女性分为两组，并要求其中一组成员在 15 分钟内编辑自己在聚友网上的个人资料（大概是利用光鲜的照片或对自己的描述，来美化自己），另一组使用谷歌地图绘制从一幢教学建筑到另一幢建筑的路线。然后测定学生的自恋程度。结果，使用聚友网的那一组得分明显更高。有趣的是，与使用谷歌地图的人相比，编辑聚友网资料的人更可能同意非常浮夸的陈述，比如"每个人都喜欢听我的故事"和"我一直知道自己在做什么"。

这些研究结论对所有的社交媒体网站都有意义。我们热衷于在虚拟空间里展现出最好的自己。无论我们在现实生活中是谁，我们的社交媒体头像总是现实的美化版。我们选出自己最吸引人的照片和最称心的信息，来展现自己最为活泼和开心的一面。当人们"赞"了自己所看到的，我们的自尊就会得到强劲的提升。但是这项聚友网研究表明，如果我们花太多时间打扮自己，我们可能会很容易落入虚荣和自我迷恋之中。

反面也能成立，当我们花很多时间查看其他人的资料和状态，我们可能会损害自身的健康自恋。在一项仍在进行的研究中，思克莱德大学的新闻学教授——佩蒂娅·埃克勒，调查了 881 名女大学生，她们平均每天花 80 分钟（很多人花更多时间）查看女性朋友的脸书页面。研究者发现，女性花在查看朋友照片上的时间越多，她们对自己形体的感觉就越差，尤其在她们想要减肥的时候。

这样的结果说得通。先前的研究表明，女性花在翻阅时尚和美容杂志上的时间越多，她们对自己的形体就越不满意。把你自己和模特演员润色过的照片相比是一回事，把自己和朋友相比，伤害更大。我们的嫉妒之情往往不是被遥远的名人所激发的，而是被我们了解的人。埃克勒评论道，如今越来越多的年轻女性在发布照片之前先修整，使用诸如 SkinneePix 之类的应用软件，它无耻地宣称能在手机上"在简单点击两次之后"，帮助你"把照片上的自己修整得瘦掉 5、10 或 15 磅"。这项研究中，女性拿来与自己比较的形体，和中等水平的时尚杂志里风雅的女性相比，真实度可能差不到哪里去。

在脸书上，你的朋友不是每天出去旅游，就是展示火辣的身材，这把女性及男性伤得很重。每个人的生活看起来都更好、更灿烂，尽是令人羡慕的美酒佳肴，奢华的假期，关怀备至的浪漫伴侣，以及十全十美、充满欢笑的家庭。犹他谷大学的社会学家周慧慈及尼古拉斯·埃奇学士询问了 425 名本科生：使用脸书多少年，一周内通常在这个网站上花多少时间。此外，让学生们从 1 到 10 打分，检查他们对各种叙述的同意程度，包括"很多朋友都比我有更好的生活""很多朋友都比我快乐"以及"生活是公平的"。

再一次证明，学生的脸书在线时间越长（使用的时间就越多），对自我的感觉就越差。他们不仅同意朋友更开心、有更好的生活的看法，而且倾向于认为生活不公平。

此项研究虽然没有监测具体活动，但是很有可能是花费在社交媒体上的时间越多，"比较"也就越多。这个假设在研究者的其他发现中得到有力支持：如果人们有更多"私下里并不认识的朋友"，他们会觉得更糟糕。原因是，他们没有机会使用"朋友"生活中的真实信息，纠正自己对于在脸书上看到的"朋友"的过于乐观的印象。

社交媒体给予我们对私人叙事前所未有的控制权。通过每一次点击，通过每一张发布的照片与评论，我们塑造了自己生活的故事，但我们需要留心自己如何看待别人的故事。在社交媒体的其他研究中，我们得到了类似的警示：如果我们把个人幸福建立在看到的东西上面，那么必定遭罪。

但我们还可以从中得到另一条结论：我们可以运用社交媒体改善自己和他人的生活。

SoWe：SoMe 的健康使用

在完成聚友网的研究后，金泰尔和她的同事又进行了第二项实验，这次针对脸书：他们随机分配一组学生，花

15 分钟时间编辑自己的页面或使用谷歌地图。和聚友网研究中的实验对象一样，使用脸书的学生自我感觉更好，但是不同之处在于：他们的自尊得到提升，而自恋却没有。为什么呢？他们得出结论，脸书鼓励一种社区体验——人们接触并支持他人——而聚友网则鼓励个人展现。研究表明，正确使用社交媒体，即强调社交的功能，是能够帮助我们提升自我价值的。这也肯定了其他自恋研究的结果：真实的联结减少自觉独特的动力。

如果我们要确保自己在虚拟空间中不会完全丧失自身的核心，我们必须从 SoMe 转变为 SoWe①。有五种基本策略，帮助我们将真诚的关系放在最主要和最重要的位置。

让你的周围都是真正的朋友

当我第一次进入社交媒体的世界时，我不仅迷茫，而且觉得孤单。因为我尚未和我的好朋友在线上取得联系。结果是，在数字世界里的我只不过是为了取悦一群面无表情的观众。他们要么喜欢我，要么不喜欢我，这就是我们唯一的联结。所以，我开始着迷于数字。当我们失去联结，

---

① 从 Me（我）到 We（我们），作者增加了集体性的概念。这类似于"唯我世代"（Generation Me）与"我们世代"（Generation We）（见第二章）。——译者注

我们对赞赏与关注的渴望必然增加。

想想当你第一次在聚会上碰见陌生人时，你在"进入状态"的压力——即"赢取众人好感"的渴望之下。在社交媒体上，这种感觉更糟。如果你在邻居的聚会上自我介绍结巴了，或者喝醉之后嘴里丢出 F 打头的那记炸弹①，你可以期盼人们在聚会结束的时候就忘了这回事儿，而在此之前，你可以躲在放着奶酪的桌子后面。但是因特网能永远记住这一切。你在社交媒体上发的状态在每个人面前展露无遗，没有低调这回事儿（除非你退出）。因此，留下好印象而不被别人注意到，很难。

要缓解这种压力，在虚拟空间中要像你在聚会上做的一样。首先要找到尽可能多的你认识的人。当你在房间里有朋友的时候，你总是更容易与陌生人建立联系。在建立这些新联结的时候要小心，除非你想要建立一个专业的用户群，否则积累成千上万的朋友和关注者是错误的——这也是自恋者经常玩的把戏。没有真正的联结，他们就没有选择，只能装模作样。这是最坏情况下的 SoMe——房间里满是为了寻求关注的陌生人，涂脂抹粉，沾沾自喜，装腔作势。

---

① 指英语中的侮辱性词语。——译者注

保持开放

脸书研究中，在信息与照片上比同龄人花更长时间的学生，自身的身体形象和自尊会受到损害。综合其他实验结果，最合理的解释是，他们踟蹰于自己如何比得上别人。这是社交媒体的一大危险。在现实生活中，盯着其他人的身体，或在他们家里翻找，挖掘他们比我们优秀的各个方面，这是粗鲁的。而在社交媒体中，你可以一整天都做这件事，但这和社交没有半点关系。当我们不再和人们交流，而只是从远距离盯着他们的生活，我们就错过了社交媒体所能带来的一切奖赏。

在一些早期研究中，社交媒体的最大益处被更安静、性格更内敛的人获得。他们觉得向线上的朋友——新的或旧的——透露自己生活中的快乐与悲伤，比向每天都能遇见的人敞开自己的灵魂更为容易。在有空的时候写写自己，这可能消除了他们当面表达自己的压力。所以，社交媒体延伸了甚至拓展了他们的人际关系，促进他们的社交自信与自尊，使他们对自己的生活感到满意。相反地，"被动"消费信息的用户看着各种一闪而过的信息，解读别人的生活，肯定会觉得糟糕。

要想从花在社交媒体上的时间中得到回报，我们必须对自己的生活保持开放：我们快乐与悲伤的时刻、我们的成功与失败。同样重要的是，其他人也要对我们坦诚他们生活中的喜怒哀乐。如果我们仅仅是默默坐着，盯着充满照片和信息的屏幕，那我们就做不到这一点。

这也是让自己周围都是真实朋友的另一个原因——给你更多分享自己的机会。当我们堆积了太多的关注者或"朋友"，我们就没有时间直接对话，深入了解对方，建立真正的联结——没有了这个，每个人都不过是仔细修整过的头像。如果你的周围都是这些虚空的在线人际关系，你一定会陷入一个类似"谁的生活看起来更好"的游戏之中，因为成百上千的照片和信息掠过，你几乎没有时间做其他的事情。在极其不顺心的一天，你渴望关注。而如果你本来就觉得孤单，在沉默中挣扎——甚至在虚拟空间中也是如此——那么只会觉得更糟糕。

如果我们不再在社交媒体上对自己的生活保持开放，则还有另一个更大的威胁。当我们仅仅有选择地分享自我的碎片，略去正常的情绪低谷——因错误、失败和每日生活中的挣扎带来的情绪——我们实质上是在隐藏，而这是一个危险的游戏。

当我们隐藏自己的真实本性，我们不会真心觉得自信。我们认为，自己想隐藏的东西都是羞于示人的，要想让自己受到他人的喜爱，就必须把它们藏起来，但是这样的结果可能是毁灭性的。当我们担心展现自己会给他

人增加负担（从而"赶走"他们），我们就落入了自我否
定的自弃心理中。当我们担心展现自己让我们显得柔弱
或渺小，我们往往陷入虚张声势的不健康自恋中。无论
哪一条路，我们都错过了与周围人真诚沟通所带来的对
健康自尊的促进作用。

寻找有目标的社群

加入有目标的团体是获得强烈联结感的有效方式，也
有助于合理运用在社交媒体上获取关注的渴望。如果你在
社交媒体上觉得孤单，或者着迷于"赞""喜欢"或"关
注者+1"，试着加入致力于某一项政治或社会事业的论坛，
比如如何获得平等的权利或防止气候变化。除此之外，还
可以持续关注涉及个人相关话题的博客，比如如何有效地
养育孩子或维持恋爱关系。在对我和我朋友文章的评论中，
我见到有些粉丝表现出非凡的勇气和坦诚之心，他们非常
关心和在意处于深刻痛苦中的人。

大概有上百万种的在线社群已经形成。当有人在发布
状态时加上井号标签（#），微博社区经常围绕一个话题自
发地讨论开来，结果往往是惊人的。

2014年9月，活动家、作家及家暴幸存者贝弗莉·古
登发起了话题：#我为何留下#，并发布了一系列推文，描

述她与家暴丈夫结束关系之所以困难的原因以及她如何找到离开的力量。那时，她回应了人们的困惑，并告诉大家，离开家暴者是一个"过程而非事件"。她想要告诉世界这一过程可能会多么困难，也使处于同样困境的人得以说出自己的故事。

在几个小时内，全球的家庭暴力幸存者——其中很多是极端自弃者——在此话题下表达自己的意见，分享自己的故事。这一话题迅速扩散开来，引来全球范围的媒体报道。最后，有些幸存者最终找到了自己需要的勇气与支持，结束了破坏性关系。他们在另一个话题：#我为何离开#，讲述了这一积极的经历。

社群带来的力量对研究者来说并不惊讶。数十年的研究表明，当人们在团体背景下分享自己的个人经历，他们会感到深深的归属感——并获得自信、同理心和快乐。相似的转变性效果可能也会在线上社群中发生。

但并非全部。不幸的是，线上社群既可能有治疗作用，也可能有害。虚拟空间如同老西部——开放，且没有约束。而令人遗憾的是，有一些带有高度虐待倾向的人在四周游荡着——又称作"投饵者"①——他们发出粗鲁伤人的话语并从中获得极大乐趣，寻求关怀和理解的敏感人群尤其容

---

① 此类群体（trolls）在网上故意招骂的行为可称作"钓鱼"，旨在骗取评论、煽动情绪。——译者注

易成为他们的攻击对象。虚拟空间，正如你所想的，也充斥着自恋者。根据研究，他们是最勤快的推文发布者，经常用无礼的语言和煽动性的图片大肆搅扰自己数以千计的朋友。没有可以移除坏人的管理员，网站很可能堕落为充斥着咆哮和咒骂的地方。

所以为避免加入线上社群后禁锢住自己的灵魂，要严密注意它如何运转——谁在里面，以及它如何运营。对于在团队成员中塑造更强自我意识和自信的三项至关重要的因素，可能也适用于社交媒体社群。

协定：有没有互相尊重和信任的氛围？有没有人担任助理，帮助纠正行为，移除威胁安全感与信任感的人？有没有明确的期望——甚至规则——告诉每个人应该做什么？它们是否成文，以便人们遵守？

目标：社群的意图必须明确，才能提供最大效益。你知道你为什么在那里吗？是为了发展新技能、获取信息？还是为了提供支持？

任务：人们如何在团体中互相学习、成长，并发表问题、评论和链接？社群有无明确解释成员如何做贡献？人们之间联结的方式，必须以某种明确的方式与最初人们聚在一起的更大目标联系起来。

话题：# 我为何留下 #，这个社群虽然是初步的，但是符合这些要求。**任务明确**：说出你的故事。**目标明显**：使人们难以离开的原因得以明了，不再责怪受害者。**协定强力**：发布者会觉得分享自己的故事比较安全，因为关注者很快就抨击妄图攻击他们的"投饵者"。

如果你在寻找社群的时候记住这三个要点，你不仅会在社交媒体中获得更强的归属感，甚至可能经历个人成长，找到使你和别人获得更好生活的力量。

避免形象浪潮

想想你展示自己的频率。西伊利诺伊大学的心理学家克里斯托弗·卡彭特连同研究者，请 292 名学生在一系列行为上给自己打分。人越自恋，以下行为的频率越高：

——更新状态
——发布自己的照片
——更新资料信息
——改变资料照片
——标记自己（在照片中标出自己）

以上任何一种行为都把你的朋友变成你自己的个人观众，我称这些为形象浪潮。它们或许是自我提升的方式，但如果你在它们上面花太多时间，你就把用于维系现实中真正关系的时间抽走了。我们需要警惕在任何社交平台上的这些行为。

我们虽然不能肯定地说，它们是否会助长自恋（在没有科学控制实验的情况下），但它们的确对我们不好。聚友网的研究——一项控制实验发现，在着迷于形象的网站上逗留会增加人们的自恋程度，而且所有五项行为都是关乎形象和外貌。很有可能，形象浪潮的确助长我们的自恋——至少是暂时的。

有意图

你在社交媒体上，发布状态之前一定会仔细思考发什么内容。你会偶尔因为自己的新头像得到 40 个赞，而一时间感觉自己很棒，但是它几乎不能培养亲密感。比如我可以很快地发出一张自己在海滩边玩得很开心的照片，但有没有人真的在看我，让我觉得我们之间建立了联结呢？如果我真的因为父亲在这周早些时候去世而倍感悲伤，一张海滩边的照片能赋予我现在的经历以意义吗？我为什么发布，是为了想要交流还是得到关注？这个状态更新是让我和其他人更亲近，还是让我更孤独了？

偶尔深吸一口气，问一问我现在为什么要发布状态？确保你的分享能有助于你的人际关系，即便只是博得大家一笑。如果你想要促进自身的健康自恋，你可以在所爱的人的身边，更加有意识地使用社交媒体。

我们很容易迷失在自己通过智能手机创造的美丽新世界和线上宇宙中。我们接触从未见过的人，他们住在星球的另一边；我们找到原来的男友和女友，以及长时间不联系的亲戚和记不起来的同学；我们甚至坠入爱河，这多亏了线上约会网站的帮助……可能性无可穷尽，令人兴奋。但是，在我们被这些线上激情吸引时，很容易忘了是谁正站在我们身旁。如果我们这样做，我们就担着调高自己和所爱的人在自恋分布谱上位置的风险。

心理学家雪莉·特克在她的 TED 演讲——《连接但孤独》中，警告了我们一不留神就陷入虚拟世界的危险。剧院中的成人，手中拿着智能手机，浏览滚动信息而不和同伴说话；坐在游乐场长凳上的父母，不断点击网页，没有察觉到他们的孩子朝这边看，想知道爸爸妈妈有没有注意他们。这些情况并不罕见。我们都有偶尔走神的时候，但是当它变成习惯，我们就得付出惨重的代价。

尤其是孩子，他们需要感到即便自己所获得的成就微不足道，也能得到我们目不转睛的关注。这就是为什么我们会把 3 岁孩子即便是最差的画作挂在冰箱上面的原因。
这会帮助他们以正确的方式自觉独特——透过他们父母的
眼睛。当社交媒体从我们身边最亲密的人那里窃取了关注，
那么我们就断绝了可以防止极端自恋的亲密关系。

明智地关注

还记得双胞胎幻觉吗？人们努力找到自己和其他人之
间的所有相似之处。我们偶尔会倾向于"组成双胞胎"，
尤其当我们的"双胞胎兄弟（或姐妹）"是自己所钦佩之
人时。大部分时间里，我们甚至都没有意识到自己在这么做。
我们只是"成为"那个人。

多年以前，我有一个同学，他喜欢极其滑稽的喜剧演
员萨姆·金尼森。就本身而言，有趣的是，他不只是能模
仿金尼森最棒的独白，也包括精确的措辞和最细微的声调
变化。甚至有时候，他的外表看上去也和金尼森一样——
不羁的长发，充满愤怒的斜视眼。有一次，我们在一起吃
晚饭，他讲了一个故事。这个故事由撬棍、猴子和微波炉（典
型的金尼森式超现实结合）组成，并时不时地叫——"啊！
啊！"（金尼森风格）。和我们坐在一起的年轻女孩显然
没明白他的意思，她看上去很警惕——之后变为反感——
最后溜走了。这很可惜，真的，因为我正要鼓起勇气约她

出去。我后来在那天晚上问朋友："你为什么要像金尼森一样表演？我喜欢那个女孩！"

他看着我，满是困惑："是吗？什么时候？"

我的朋友虽然是在玩身份游戏。他没有意识到，当我们模仿另一个人时，他们的举止、言语和评判能多么彻底地侵犯我们。大概在 30 年前，远在社交媒体或名人网站出现之前，你必须努力寻找，才能找到你喜欢的人的录像、图片或采访。现在，这变得很简单。只需在社交媒体上关注他们。

如果人们以值得敬佩的品格为榜样，这很好。比如，你可能有一个到上大学年纪的儿子或女儿，喜欢《宇宙时空之旅》里面的天体物理学家尼尔·德格拉斯·泰森详述宇宙的奥妙。太棒了。谁不想学校放假期间有个"迷你泰森"在附近？相反，如果他们盲目追随自负且虚荣的电视真人秀明星呢？社交媒体让这变得前所未有地简单。而助长自恋的最简便方法就是模仿自恋者。

如果我们遵从这些简单的指导，从社交媒体获得的自恋刺激感就不一定对我们有害。适用于现实生活的规则也适用于我们的数字生活。现在应该已经明了，有安全感的爱和体贴的关系最能保护我们免受不健康自恋的危害，无论你的联结是当下的、亲自上阵的，还是虚拟的、在虚拟空间中的。

第
十
二
章

自信生活:
平衡自我利益与他人需求

> 伟大的抱负是伟大人物的激情。拥有它的
> 人可能做极善或极恶的事。这完全取决于引领
> 他们的原则。
>
> ——拿破仑·波拿巴

> 我们真正的激情是自私的。
>
> ——司汤达

想象你的肉体在最为激情的时刻:在你的爱人怀中被抚摸、亲吻,你的脑海中跃动着下一步的场景。或者想象以另一种方式表达你的激情:可能是做出美味佳肴,搭配

时髦的新装，或者阅读生动的爱情小说。你会发现在一段时间内——几秒、几分、几小时——你所关注的一些东西并非其他人的希望或需求。相反，你迷失在自己的欲望、自己的想象中，看看它们把你带到何方。时间似乎静止下来。在我们真正激动的时候，我们会将自己的欲望置于任何人、任何事之上。

换句话说，火热的激情，总是带有自恋的意味。如果我们迷恋于他人的希望，就不能在自己的生活中以任何形式的乐趣去建造、去创造、去探索。同时，在追求更刺激的生活时，我们也必须小心，激情必须与对他人的体贴和关心相平衡。当我们不考虑其他人，激情就会变得空虚，甚至情况更糟，变得具有破坏性。

讽刺的是，在欧洲致力于打造王国，自称帝王的拿破仑似乎明白这个道理，即便他没能付诸行动。我们能指出历史上太多富有激情却无恶不作的人物：希特勒。我们日常生活中的自恋者，尤其是喜爱社交的，往往富有激情，因为他们不给自己的需求和欲望设限。这就是为什么我们经常觉得他们中的很多人散发着强烈的吸引力。没有什么能阻拦他们的欲望，无论是引诱约会对象，面对高风险的企业项目，还是打败体育竞争队伍……但是他们的激情终究不是真诚或可信的，因为如果我们失去了与自己所爱的人之间的联结，即便是最深的欲望也变得微不足道。在对迷失于创造性游戏的孩子的研究中，英国精神分析师、儿童治疗师唐纳德·温尼科特尖锐地指出这个事实。

如何获得真实的激情？

想象一个一岁半左右的女孩子，捡起积木、娃娃、塞满填充物的小动物，堆起来组成歪塔。在这个年纪，她仍然对独处略感紧张：她不时地瞟过来，确定你在那里；然后她继续玩，被自己的发现所吸引。我们的小建造者之所以能如此沉浸于自我，是因为当她抬起头时，你在那里。她可以堆积、堆积、再堆积，因为她感觉到你在场。多亏有你的爱，世界是她的，她能做她想去做的事情。她感觉到，对你来说，她和她做的事是重要的、独特的，这让她找到自己的激情。

但是如果你显得无聊，或者根据自己的想象重新摆弄她的雕刻品，那会怎么样呢？如果你去开会那会怎么样呢？她也许会得出结论：自己做的事情无关紧要。更糟的是，她会担心如果她听任自己的想象力，一下子忘记了你，你也许就不见了。

她可能会停止玩耍，想要重新引起你的兴趣；她可能会推开积木和娃娃，扯着你的衬衫，或者大哭。她可能会生气，完全无视你，并决定她能顺从自己的欲望，搭建成任何东西的唯一方式，就是决不承认你在场。

无论怎样，小女孩都失去了至关重要的东西：她要么牺牲了自己的激情，保留你的兴趣；要么牺牲爱，保留激情。结果，她的欲望不可能是真实的，它们要么被屏蔽，要么被夸大。

自弃者就像停止玩耍的小女孩，确保你和她待在一起。他们抑制欲望，用激情交换关心；他们因为太担心伤害别人，所以不会冒险看看自己的想象会带他们到哪里去。他们有一种冲动去做当时感觉良好的事情，但随之放任不管。他们绝不让欲望变得如此重要，以至于所有顾虑都退居幕后。他们的激情太过脆弱，无法创造由想象力指导的生活。

桑迪，那个我们在第三章中遇到的讨厌过生日的行政助理，勤勉工作，在每项任务中都十分卖力，但没有乐趣。她不是为了让人铭记，而是传递信息："我很好，不要担心我。"她作为成人过度表现的原因，和她小时候的经历有关——让周围的人放下重担。但是她从不感到兴奋，即便在她做得很好的时候。因为究其根本，她的努力不是为自己付出的。她的工作几乎是生活的全部，部分因为她把所有时间，都用来确保自己的男朋友乔得到他所需要的一切。"有太多事要干！"她感叹，"谁有时间闲逛、玩乐！"

相反，自恋者则像因为别人频繁干扰或缺席而生气的小女孩，他们用爱的能力交换盲目的激情。有些人在床笫之间信心满满，这暂时能撩拨情欲，但他们不会在感情方面投入，这一事实最终摧毁浪漫。他们脆弱的欲望表现为不同形式：它太过狂乱与压抑，而他们似乎只能闭上眼睛无视你，才能保留欲望。在他们心中，你仅仅在场就足以威胁他们努力想象并创造自己希望的生活。

加里，第三章中骄傲的本科生，魅力四射，足以迷倒万千少女，但却只有些风流韵事。他承认，自己的爱情生活可以预测。"一旦我们一起睡过，我就没了兴趣"，他说。他担心女方会"接管"，妨碍他在 25 岁成为百万富翁的宏大计划。许多自恋者都带给人这样一种感觉：如果别人过分接近，他们对任何东西的热情就不能继续。他们最为激动人心的梦想如同水中的倒影，轻轻一碰就消散于无形。

相反，拥有健康自恋的人和沉浸于玩耍热情中的小女孩一样，自由地追随自己的梦想。这正是由于他们感到自己对于所爱的人而言是独特的——这让他们开心，做任何事都充满创造的热情。同极端自恋者相比，他们的激情由更坚固的东西组成；他们坚守自己远大的梦想和对生活的渴望，无须担心受到阻挠。

莉萨，我们在第三章中遇到的开朗的活动家，经常独自享受她的爱好——自行车比赛和品酒，但是她也乐意丈夫道格随时加入。他在场不会威胁她的计划和梦想，反而给予她更多能量去实现它们，而她也很乐意分享计划与梦想。"我希望我们一起创造美妙的生活",她在我们一次会面中说道。同时,在支持道格的兴趣这一过程中,莉萨也获得了同样多的乐趣。"我喜欢为他制订周末在山里独自徒步的计划,那是他的激情所在,他回来的时候总是很高兴!"

只有当我们能建立有安全感的、互相关爱的关系,健康自恋才会释放真实的激情——从内在涌出,绝不会变得具有毁灭性,也不会溜走。我们可以追随自己的欲望,看看它带我们去哪儿,因为我们知道,或者说,相信在我们抬头的时候,关心的人依然在那里。自觉独特的动力就是激情的源泉,但爱让激情保持纯洁。

爱的福利——真诚的亲密

如果真实的激情是我们的奖赏,让我们对于所爱的人而言是独特的,那么我们周围的人能得到什么呢?答案似乎是真诚的亲密。

亲密这个词可以追溯到古代拉丁和印欧语系,意思是知识或了解。亲密和知识密切相关。如果我们不了解自己,那么没有人能真正与我们亲近,因为我们无法分享自己的想法给他人。自弃者花在探索自身内在的时间太少,对此完全陌生。而自恋者,如你所见,也同样身处黑暗,更喜欢对自己抱有精致甚至不切实际的想法。他们极度否认自身缺陷和缺点，以致他们展现的人格——温尼科特称之为"假我"——几乎不是一个真实的人类。内向型自恋者十分害怕暴露自己的缺点，无论是真实的还是想象的，他们很少与人亲近，也不会让人们看到他们真正的需求。

当人们觉得自己很重要时，就会特别关注自己内心深处的欲望和需求，并诚实地分享它们，关心他们的人就会对他们有新的了解。他们最终得以见到他们所爱的人，这对双方当事人来说都是非常激动的时刻。当然，自恋者和自弃者也同样可以享受这一权利，只要他们向分布谱中心靠得更近，正如我在琼身上看到的。我们之前在第五章中见到的这位抑郁的空巢母亲，与她丈夫罗伯特共同探讨最新进展。

琼逐渐让自己在丈夫的生活中占据特殊地位，一到可能的时候就运用同理心唤醒。"我告诉他，他对我来说是最重要的人"，琼一边抽着鼻子说，一边看着她丈夫。"我很害怕失去他，害怕不能共享余生，我只想和他共度时光。"

"你以前听到过琼对失去你感到很伤心吗？"我问罗伯特。

"从不"，他说。他看着琼，神情变得温柔。"过去，她总给我冰冷的背影。事实上，我觉得从未有人像琼一样，说他们需要我，更别说思念我。"

224

琼笑了："我说这话的时候他抱住我，我哭了。"

"你呢，罗伯特？"我问。

"那天，有什么东西变了"，他回答说，"我内在的什么东西不一样了。我觉得有人在乎我，我轻松了一些。"这对他来说是件大事。过去，他不断追求独特的快感，从不觉得自己用魅力或俊朗的外貌博得足够多的人的好感。"我妈妈利用我进行炫耀。"他伤心地说，"告诉别人我多么英俊，多么聪明，但是我想不起来有哪次让我觉得她真的看到了我。但琼不一样，我发现自己会告诉她从未告诉过别人的事情。"

罗伯特也更多地了解琼了。她开始参加摇摆舞课程，一周两次，有天晚上还请罗伯特出去约会，让他大吃一惊。

"我甚至都不知道她会跳舞！"罗伯特笑着说，"现在我们一起上课。"

罗伯特和琼现在都开始意识到自己对于对方来说是独特的，这让每一天都是新冒险，他们开始真正地了解彼此。琼最终来到分布谱中心，给予罗伯特真正的亲密这一礼物，而他也予以了回礼。

原来即便是厄科和那喀索斯也能成为情侣，只要他们在分布谱的中间位置相遇。

我们都有点像那喀索斯。我们穿行于生活的森林，在途中遇上其他人，每个人都有自己的才能、欲望、自觉独特的需求。想想那个年轻人的生活会多么不同，如果他不是忽略遇到的人，沉湎于自我，而是停下来聊天，共享美餐，了解他们，然后继续上路。想想厄科的生活将会多么不同，如果她能停下来，在施过魔法的池子里看看自己的倒影，对自己的形象产生一丝喜悦，潜入水中，再重新冒出，因为深入自我的旅途而充满活力。也许她就可以打破自己的诅咒，重新找回自己的声音。

　　美好生活平衡我们自己的利益与他人的需求，这就是健康自恋。这给了我们能量，创造充满冒险和自我发现的生活。健康自恋处于激情与同情的交汇处，带来真正快乐的生活，这是一个非常棒的地方。